Jürgen Kahmann

Numerische Mathematik

Programme für den TI 59

uni—text
Einführung in die
Methoden der
Numerischen Mathematik

Anwendung programmierbarer Taschenrechner

Band 5

Jürgen Kahmann

Numerische Mathematik

Programme für den TI 59

2., durchgesehene Auflage

Friedr. Vieweg & Sohn Braunschweig/Wiesbaden

CIP-Kurztitelaufnahme der Deutschen Bibliothek

Kahmann, Jürgen:
Numerische Mathematik: Programme für d. TI 59/
Jürgen Kahmann. – 2., durchges. Aufl. –
Braunschweig; Wiesbaden: Vieweg, 1981.
(Anwendung programmierbarer Taschenrechner;
Bd. 5)
ISBN-13: 978-3-528-14171-4 e-ISBN-13: 978-3-322-87426-9
DOI: 10.1007/978-3-322-87426-9

NE: GT

1. Auflage 1980
2., durchgesehene Auflage 1981

Satz: Friedr. Vieweg & Sohn, Braunschweig

ISBN-13: 978-3-528-14171-4

Vorwort

In den letzten Jahren war in der Herstellung immer leistungsfähigerer programmierbarer Taschenrechner eine rasante Entwicklung zu beobachten. Um ihre Möglichkeiten und Kapazitäten optimal auszuschöpfen, sollten auch für diese Kleinrechner Programmbibliotheken zur Verfügung stehen.

Der vorliegende Band enthält eine Sammlung nützlicher Programme der numerischen Mathematik für den programmierbaren Taschenrechner TEXAS INSTRUMENTS TI 59. Zugrundegelegt wurde das im gleichen Verlag erschienene Buch

„Einführung in die Methoden der Numerischen Mathematik"

von Wolfgang Böhm und Günther Gose (Vieweg, Braunschweig 1977), aus dem Gliederung und Bezeichnungsweise übernommen wurden, um die Anwendung und das Arbeiten mit den Programmen zu erleichtern. Hier findet der interessierte Leser neben der theoretischen Herleitung auch die flußdiagrammähnlichen Algorithmen, nach denen die Programme erstellt wurden.

Einen kurzen Überblick über die Handhabung des Rechners liefert das Kapitel 0 „Einführung". Dem im Umgang mit dem TI 59 ungeübten Leser sei zunächst ein intensives Studium der zum Rechner gehörenden Bedienungsanleitung „Individuelles Programmieren", insbesondere der Abschnitte I, II und VII empfohlen.

Mein ganz besonderer Dank gilt Herrn Prof. Dr. Wolfgang Böhm, dessen Vorlesungen ich die Freude an der numerischen Mathematik verdanke. Ohne seine Anregungen und aufmunternden Ratschläge wäre dieses Buch nicht entstanden.

Nicht zuletzt danke ich der Firma TEXAS INSTRUMENTS für die freundliche Unterstützung und dem Vieweg Verlag für die problemlose Zusammenarbeit.

Wolfenbüttel, im Frühjahr 1981 *Jürgen Kahmann*

Inhaltsverzeichnis

0 Einführung

Dieses Buch enthält 44 Programme der numerischen Mathematik für den programmierbaren Taschenrechner TEXAS INSTRUMENTS TI 59. Die ausführlichen Programmbeschreibungen umfassen jeweils

- eine kurze Erläuterung des programmierten Verfahrens
- eine Tabelle der bei der Benutzung des Programms durchzuführenden Tastenfolgen
- eine Übersicht über die Registerinhalte
- ein vom TI 59 durchgerechnetes Beispiel und
- einen vollständigen Programmausdruck (sowie bei den Programmen 4.3 und 4.4 eine Liste der einzugebenden Konstanten).

Bei den Programmbeschreibungen wurde davon ausgegangen, daß die Programme auf Magnetkarten gespeichert sind.

Die Programmlisten haben folgende Form:

```
000  43   RCL
001  01    01
002  42   STO
003  02    02
      .
      .
      .
```

Dabei bedeuten die ersten drei Ziffern die Nummer der Programmspeicherstelle, die beiden Ziffern in der Mitte den Tastencode, rechts steht das Tastensymbol.

0.1 Der Rechner TI 59

Der TI 59 ist ein programmierbarer Taschenrechner, der in drei Operationsarten betrieben werden kann:

- Verwendung des Moduls
- Durchführung von selbst eingegebenen Programmen
- Benutzung als über die Tastatur zu bedienender Rechner

Wichtig für den Leser ist die zweitgenannte Betriebsart.

Folgende Zeichnung zeigt die Speicherkapazität und -verteilung des Rechners

Bl. 1	Bl. 2	Bl. 3	Bl. 4

Programmspeicher	Datenspeicher
960	
880	10
800	20
720	30
640	40
560	50
480	60
400	70
320	80
240	90
160	100

Wird der Rechner eingeschaltet, stehen 60 Datenspeicher und 480 Programmspeicherstellen zur Verfügung. Mittels der Tastenfolge n 2nd Op 17 läßt sich die Speicherbereichsverteilung – etwa bei Programmen mit hohem Datenspeicherbedarf – auf $10 \cdot n$ Datenspeicher ändern. Die zugehörige Anzahl von Programmspeicherstellen entnehme man jeweils der Skizze. Bei den einzelnen Programmen ist angegeben, ob und in welcher Weise die Speicherbereichsverteilung geändert werden kann oder muß.

0.2 Eingabe von Programmen

Vor Eingabe eines Programmes empfiehlt es sich stets, den Rechner kurz auszuschalten, um sicherzustellen, daß alle Register gelöscht sind. Will man ein Programm in den TI 59 eingeben, geht man wie folgt vor:

1. Einschalten des Rechners
2. Taste LRN drücken. Es erscheint die Anzeige 000 00.
3. Eingabe der in den Programmlisten abgedruckten Programmbefehle
4. Taste LRN drücken

Jetzt hat der Rechner das Programm gespeichert.

0.3 Magnetkarten

In den Programmbeschreibungen wurde davon ausgegangen, daß die Programme von Magnetkarten in den Rechner eingelesen werden. Aus diesem Grunde und aus Bequemlichkeit ist es sinnvoll, ein in den Rechner eingetastetes Programm auf eine Magnetkarte zu übertragen. Eine Magnetkarte kann den Inhalt zweier Blöcke speichern; die Nummer der gespeicherten Blöcke sollte man beim Beschriften der Karte in den dafür vorgesehenen Kästchen links bzw. rechts oben auf der Karte vermerken. Das Beschreiben der Magnetkarte mit Block m durch den Rechner geschieht folgendermaßen:

1. Tasten m 2nd Write drücken
2. Magnetkarte einschieben
3. In der Anzeige erscheint die Nummer des Blocks m

Block m ist jetzt auf die Magnetkarte übertragen und wird mit jedem Einlesen im Rechner wieder abgespeichert. Das Einlesen einer Magnetkarte geschieht so:

1. Anzeige auf 0 stellen
2. Magnetkarte einschieben
3. In der Anzeige erscheint die Nummer des eben eingelesenen Blocks

Zu beachten ist, daß Magnetkarten nur dann eingelesen werden können, wenn die Speicherbereichsverteilung dieselbe ist wie beim Beschreiben der Magnetkarte.

1 Matrizen

1.1 Produktsumme

Das Programm bestimmt die Produktsumme $s = \mathbf{a}^T \mathbf{b}$ zweier n-Spalten **a** und **b**.

Programminstruktionen

	Verfahren	Eingabe	Taste	Anzeige
1	Einlesen der Magnetkarte (Block 1)			
2	Programmbeginn		A	
3	Eingabe der Nummer des ersten zu belegenden Speicherplatzes $k \geq 4$	k	R/S	1
4	Eingabe von $a_1, \ldots, a_n; b_1, \ldots, b_n$	a_1	R/S	2
	Dabei bedeutet die Anzeige i, daß bisher i–1 Daten eingegeben wurden	a_2	R/S	3
		⋮	⋮	⋮
		a_n	R/S	n+1
		b_1	R/S	n+2
		⋮	⋮	⋮
		b_n	R/S	2n+1
5	Ende der Koeffizienteneingabe		B	2n+1
6	Eingabe von k und n	k	R/S	k
		n	R/S	
7	Ergebnisanzeige			s

Registerinhalte

$R_{00}, \ldots, R_{03}$: Programmzeiger
$R_k, \ldots, R_{k+n-1}$: $a_1, \ldots, a_n$
$R_{k+n}, \ldots, R_{k+2n-1}$: $b_1, \ldots, b_n$

Beispiel

Man berechne $s = \mathbf{a}^T\mathbf{b}$ mit $\mathbf{a} = \begin{bmatrix} 3.1 \\ 2.7 \\ 1.5 \end{bmatrix}$ und $\mathbf{b} = \begin{bmatrix} 4.2 \\ 0.8 \\ 2.3 \end{bmatrix}$.

Anmerkungen	Eingabe	Taste	Anzeige
Magnetkarte einlesen (Block 1)			1
Programmbeginn		A	1
Eingabe von: k	4	R/S	1
a_1	3.1	R/S	2
a_2	2.7	R/S	3
a_3	1.5	R/S	4
b_1	4.2	R/S	5
b_2	0.8	R/S	6
b_3	2.3	R/S	7
Ende der Koeffizienteneingabe		B	7
Eingabe von: k	4	R/S	4
n	3	R/S	
Anzeige von: s			18.63

Programm 1.1	Produktsumme

```
000  76 LBL
001  11  A
002  91 R/S
003  42 STO
004  00  00
005  01  1
006  42 STO
007  02  02
008  43 RCL
009  02  02
010  91 R/S
011  72 ST*
012  00  00
013  01  1
014  44 SUM
015  00  00
016  44 SUM
017  02  02
018  61 GTO
019  00  00
020  08  08
021  76 LBL
022  12  B
023  91 R/S
024  42 STO
025  00  00
026  91 R/S
027  42 STO
028  01  01
029  85  +
030  43 RCL
031  00  00
032  95  =
033  42 STO
034  02  02
035  00  0
036  42 STO
037  03  03
038  76 LBL
039  13  C
040  73 RC*
041  00  00
042  65  ×
043  73 RC*
044  02  02
045  95  =
046  44 SUM
047  03  03
048  01  1
049  44 SUM
050  00  00
051  44 SUM
052  02  02
053  97 DSZ
054  01  01
055  13  C
056  43 RCL
057  03  03
058  91 R/S
```

1.2 Matrizenprodukt

Das Programm berechnet das Produkt C einer n,l-Matrix $A = [a_{ij}]$ mit einer l,m-Matrix $B = [b_{jk}]$. $C = [c_{ik}]$ ist eine n,m-Matrix mit

$$c_{ik} = \sum_{j=1}^{l} a_{ij} \cdot b_{jk}$$

Programminstruktionen

	Verfahren	Eingabe	Taste	Anzeige
1	Einlesen der Magnetkarte (Block 1)			1
2	Programmbeginn		A	1
3	Eingabe der Nummer des ersten zu belegenden Speicherplatzes $k \geq 10$	k	R/S	1
4	Eingabe der Koeffizienten zunächst von A spaltenweise, dann von B spaltenweise	a_{11}	R/S	2
		a_{21}	R/S	3
		⋮	⋮	⋮
		a_{nl}	R/S	nl+1
		b_{11}	R/S	nl+2
		⋮	⋮	⋮
		b_{lm}	R/S	nl+lm+1
5	Ende der Koeffizienteneingabe		B	0
6	Eingabe von k, n, l, m	k	R/S	k
		n	R/S	n
		l	R/S	l
		m	R/S	
7	Ergebnisanzeige			c_{11}
			R/S	c_{21}
			⋮	⋮
			R/S	c_{nm}

Registerinhalte

$R_{00}, \ldots, R_{09}$: Programmzeiger

$R_k, \ldots, R_{k+nl-1}$: $a_{11}, \ldots, a_{nl}$

$R_{k+nl}, \ldots, R_{k+l(n+m)-1}$: $b_{11}, \ldots, b_{lm}$

$R_{k+l(n+m)}, \ldots, R_{k+l(n+m)+nm-1}$: $c_{11}, \ldots, c_{nm}$

Beispiel

Man berechne $C = A \cdot B$ mit $A = \begin{bmatrix} 2 & 4 & 3 \\ 1 & 3 & 1 \end{bmatrix}$ und $B = \begin{bmatrix} 5 & 1 & 6 \\ 2 & 7 & 1 \\ 3 & 4 & 3 \end{bmatrix}$!

Anmerkungen	Eingabe	Taste	Anzeige
Magnetkarte einlesen (Block 1)			1
Programmbeginn		A	1
Eingabe von: k	10	R/S	1
a_{11}	2	R/S	2
a_{21}	1	R/S	3
a_{12}	4	R/S	4
a_{22}	3	R/S	5
a_{13}	3	R/S	6
a_{23}	1	R/S	7
b_{11}	5	R/S	8
b_{21}	2	R/S	9
b_{31}	3	R/S	10
b_{12}	1	R/S	11
b_{22}	7	R/S	12
b_{32}	4	R/S	13
b_{13}	6	R/S	14
b_{23}	1	R/S	15
b_{33}	3	R/S	16
Ende der Koeffizienteneingabe		B	0
Eingabe von: k	10	R/S	10
n	2	R/S	2
l	3	R/S	3
m	3	R/S	
Anzeige von: c_{11}			27
c_{21}		R/S	14
c_{12}		R/S	42
c_{22}		R/S	26
c_{13}		R/S	25
c_{23}		R/S	12

Es ist $C = \begin{bmatrix} 27 & 42 & 25 \\ 14 & 26 & 12 \end{bmatrix}$.

Programm 1.2	Matrizenprodukt

```
000  76 LBL
001  11  A
002  91 R/S
003  42 STO
004  00  00
005  01  1
006  42 STO
007  01  01
008  43 RCL
009  01  01
010  91 R/S
011  72 ST*
012  00  00
013  01  1
014  44 SUM
015  00  00
016  44 SUM
017  01  01
018  61 GTO
019  00  00
020  08  08
021  76 LBL
022  12  B
023  25 CLR
024  91 R/S
025  42 STO
026  03  03
027  91 R/S
028  42 STO
029  00  00
030  91 R/S
031  42 STO
032  01  01
033  91 R/S
034  42 STO
035  02  02
036  43 RCL
037  03  03
038  85  +
039  43 RCL
040  00  00
041  65  ×
042  43 RCL
043  01  01
044  95  =
045  42 STO
046  04  04
047  85  +
048  43 RCL
049  01  01
050  65  ×
051  43 RCL
052  02  02
053  95  =
054  42 STO
055  05  05
056  42 STO
057  06  06
058  43 RCL
059  00  00
060  65  ×
061  43 RCL
062  02  02
063  95  =
064  42 STO
065  07  07
066  76 LBL
067  13  C
068  00  0
069  72 ST*
070  06  06
071  01  1
072  44 SUM
073  06  06
074  97 DSZ
075  07  07
076  13  C
077  43 RCL
078  02  02
079  42 STO
080  09  09
081  43 RCL
082  05  05
083  42 STO
084  06  06
085  76 LBL
086  16 A'
087  43 RCL
088  00  00
089  42 STO
090  08  08
091  76 LBL
092  17 B'
093  43 RCL
094  01  01
095  42 STO
096  07  07
097  76 LBL
098  18 C'
099  73 RC*
100  03  03
101  65  ×
102  73 RC*
103  04  04
104  95  =
105  74 SM*
106  06  06
107  43 RCL
108  00  00
109  44 SUM
110  03  03
111  01  1
112  44 SUM
113  04  04
114  97 DSZ
115  07  07
116  18 C'
117  43 RCL
118  00  00
119  65  ×
120  43 RCL
121  01  01
122  75  -
123  01  1
124  95  =
125  22 INV
126  44 SUM
127  03  03
128  43 RCL
129  01  01
130  95  =
131  22 INV
132  44 SUM
133  04  04
134  01  1
135  44 SUM
136  06  06
137  97 DSZ
138  08  08
139  17 B'
140  43 RCL
141  00  00
142  22 INV
143  44 SUM
144  03  03
145  43 RCL
146  01  01
147  44 SUM
148  04  04
149  97 DSZ
150  09  09
151  16 A'
152  43 RCL
153  05  05
154  42 STO
155  06  06
156  43 RCL
157  00  00
158  65  ×
159  43 RCL
160  02  02
161  95  =
162  42 STO
163  07  07
164  76 LBL
165  15  E
166  73 RC*
167  06  06
168  91 R/S
169  01  1
170  44 SUM
171  06  06
172  97 DSZ
173  07  07
174  15  E
175  91 R/S
```

2 Lineare Gleichungen und Ungleichungen

2.1 Der Algorithmus von Gauß

Das Programm berechnet die Lösung eines linearen Gleichungssystems $A\mathbf{x} = \mathbf{a}$ (A reguläre n,n-Matrix, **a** n-Spalte) nach dem Gaußalgorithmus. Dabei wird die Matrix $[A, \mathbf{a}]$ mittels geeigneter Zeilenumformungen in die Matrix $[R, \mathbf{b}]$ überführt. Die Lösung des linearen Gleichungssystems $R\mathbf{x} = \mathbf{b}$, die durch Rückwärtseinsetzen gewonnen wird, löst auch das System $A\mathbf{x} = \mathbf{a}$. Das Programm hält, wenn im Verlauf der Rechnung eines der Diagonalelemente r_{jj} von R zu Null wird, und zeigt dies durch eine blinkende Anzeige an. Vor dem Rückwärtseinsetzen gibt das Programm den Wert der Determinante von A aus.

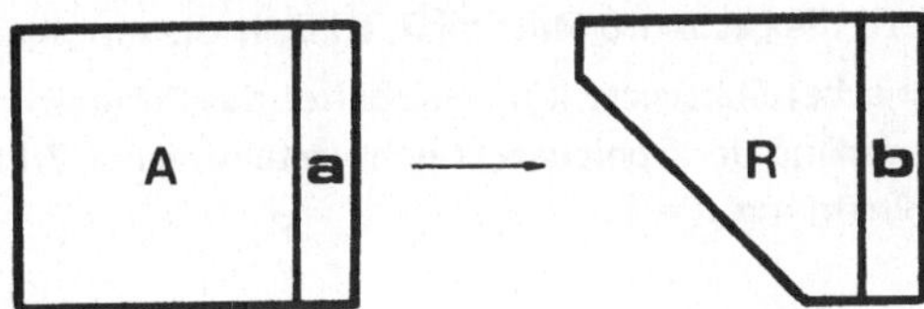

Programminstruktionen

	Verfahren	Eingabe	Taste	Anzeige
1	Magnetkarte einlesen (Block 1, 2)			2
2	Programmbeginn		A	2
3	Eingabe der Nummer des ersten zu belegenden Speicherplatzes $k \geq 11$	k	R/S	1
4	Eingabe der Matrix $[A, \mathbf{a}]$ spaltenweise	a_{11}	R/S	2
		a_{21}	R/S	3
		⋮	⋮	⋮
		a_{nn}	R/S	n^2+1
		a_1	R/S	n^2+2
		⋮	⋮	⋮
		a_n	R/S	n^2+n+1
5	Ende der Koeffizienteneingabe		B	0
6	Eingabe von k und n	k	R/S	k
		n	R/S	
7	Anzeige von det A			det A

	Verfahren	Eingabe	Taste	Anzeige
8	(falls det $A \neq 0$)		R/S	
9	Ergebnisanzeige			x_1
			R/S	x_2
			⋮	⋮
			R/S	x_n

Registerinhalte

$R_{00}, \ldots, R_{10}$: Programmzeiger
$R_k, \ldots, R_{k+n^2-1}$: $a_{11}, \ldots, a_{nn}$
$R_{k+n^2}, \ldots, R_{k+n(n+1)-1}$: $a_1, \ldots, a_n$

Bemerkungen

1. Das Programm „schreibt" die gesuchte Matrix $[R, \mathbf{b}]$ über die eingegebene Matrix $[A, \mathbf{a}]$.
2. Bei gewöhnlicher Speicherbereichsverteilung bearbeitet das Programm Matrizen bis zur Ordnung $n = 6$; bei Änderung der Speicherbereichsverteilung auf 70 Datenspeicher mittels 7 2nd Op 17 auch der Ordnung $n = 7$.

Beispiel

Gesucht ist die Lösung des linearen Gleichungssystems $A\mathbf{x} = \mathbf{a}$ mit

$$A = \begin{bmatrix} 2 & 2 & 0 \\ 2 & 1 & 1 \\ 1 & 1 & 2 \end{bmatrix} \text{ und } \mathbf{a} = \begin{bmatrix} 6 \\ 7 \\ 9 \end{bmatrix}.$$

Anmerkungen	Eingabe	Taste	Anzeige
Magnetkarte einlesen (Block 1, 2)			2
Programmbeginn		A	2
Eingabe von: k	11	R/S	1
a_{11}	2	R/S	2
a_{21}	2	R/S	3
a_{31}	1	R/S	4
a_{12}	2	R/S	5
a_{22}	1	R/S	6
a_{32}	1	R/S	7
a_{13}	0	R/S	8
a_{23}	1	R/S	9
a_{33}	2	R/S	10
a_1	6	R/S	11
a_2	7	R/S	12
a_3	9	R/S	13

Anmerkungen		Eingabe	Taste	Anzeige
Ende der Koeffizienteneingabe			B	0
Eingabe von:	k	11	R/S	11
	n	3	R/S	
Anzeige von:	det A			–4
			R/S	
Anzeige von:	x_1			1
	x_2		R/S	2
	x_3		R/S	3

Programm 2.1	**Der Algorithmus von Gauß**

```
000  76 LBL
001  11  A
002  91 R/S
003  42 STO
004  00  00
005  01  1
006  42 STO
007  02  02
008  43 RCL
009  02  02
010  91 R/S
011  72 ST*
012  00  00
013  01  1
014  44 SUM
015  00  00
016  44 SUM
017  02  02
018  61 GTO
019  00  00
020  08  08
021  76 LBL
022  12  B
023  25 CLR
024  91 R/S
025  42 STO
026  01  01
027  91 R/S
028  42 STO
029  00  00
030  43 RCL
031  01  01
032  42 STO
033  02  02
034  42 STO
035  04  04
036  43 RCL
037  02  02
038  85  +
039  01  1
040  95  =
041  42 STO
042  03  03
043  42 STO
044  05  05
045  43 RCL
046  00  00
047  75  -
048  01  1
049  95  =
050  42 STO
051  07  07
052  76 LBL
053  13  C
054  43 RCL
055  07  07
056  42 STO
057  08  08
058  73 RC*
059  02  02
060  67  EQ
061  33  X²
062  76 LBL
063  14  D
064  43 RCL
065  07  07
066  85  +
067  02  2
068  95  =
069  42 STO
070  09  09
071  29  CP
072  73 RC*
073  03  03
074  67  EQ
075  22 INV
076  73 RC*
077  03  03
078  55  ÷
079  73 RC*
080  02  02
081  95  =
082  42 STO
083  10  10
084  76 LBL
085  15  E
086  73 RC*
087  04  04
088  65  ×
089  43 RCL
090  10  10
091  95  =
092  22 INV
093  74 SM*
094  05  05
095  43 RCL
096  00  00
097  44 SUM
098  04  04
099  44 SUM
100  05  05
101  97 DSZ
102  09  09
103  15  E
104  76 LBL
105  22 INV
106  01  1
107  44 SUM
108  03  03
109  53  (
110  43 RCL
111  07  07
112  85  +
113  02  2
114  54  )
115  65  ×
116  43 RCL
117  00  00
118  95  =
119  22 INV
120  44 SUM
121  04  04
122  75  -
123  01  1
124  95  =
125  22 INV
126  44 SUM
127  05  05
128  97 DSZ
129  08  08
130  14  D
131  43 RCL
132  00  00
133  85  +
134  01  1
135  95  =
136  44 SUM
137  02  02
138  43 RCL
139  02  02
140  42 STO
141  04  04
142  85  +
143  01  1
144  95  =
145  42 STO
146  05  05
147  42 STO
148  03  03
149  97 DSZ
150  07  07
151  13  C
152  01  1
153  42 STO
154  06  06
155  43 RCL
```

```
156  01  01
157  42  STO
158  07  07
159  43  RCL
160  00  00
161  42  STO
162  08  08
163  76  LBL
164  19  D'
165  73  RC*
166  07  07
167  49  PRD
168  06  06
169  43  RCL
170  00  00
171  85  +
172  01  1
173  95  =
174  44  SUM
175  07  07
176  97  DSZ
177  08  08
178  19  D'
179  43  RCL
180  06  06
181  91  R/S
182  43  RCL
183  01  01
184  85  +
185  53  (
186  43  RCL
187  00  00
188  85  +
189  01  1
190  54  )
191  65  ×
192  43  RCL
193  00  00
194  75  -
195  01  1
196  95  =
197  42  STO
198  02  02
199  43  RCL
200  01  01
201  85  +
202  53  (
203  43  RCL
204  00  00
205  85  +
206  01  1
207  54  )
208  65  ×
209  53  (
210  43  RCL
211  00  00
212  75  -
213  01  1
214  54  )
215  95  =
216  42  STO
217  03  03
218  73  RC*
219  03  03
220  22  INV
221  64  PD*
222  02  02
223  01  1
224  22  INV
225  44  SUM
226  02  02
227  43  RCL
228  00  00
229  85  +
230  01  1
231  95  =
232  22  INV
233  44  SUM
234  03  03
235  43  RCL
236  02  02
237  75  -
238  43  RCL
239  00  00
240  95  =
241  42  STO
242  04  04
243  43  RCL
244  02  02
245  85  +
246  01  1
247  95  =
248  42  STO
249  05  05
250  43  RCL
251  00  00
252  75  -
253  01  1
254  95  =
255  42  STO
256  09  09
257  76  LBL
258  16  A'
259  43  RCL
260  00  00
261  75  -
262  43  RCL
263  09  09
264  95  =
265  42  STO
266  08  08
267  76  LBL
268  17  B'
269  73  RC*
270  04  04
271  65  ×
272  73  RC*
273  05  05
274  95  =
275  22  INV
276  74  SM*
277  02  02
278  43  RCL
279  00  00
280  22  INV
281  44  SUM
282  04  04
283  01  1
284  22  INV
285  44  SUM
286  05  05
287  97  DSZ
288  08  08
289  17  B'
290  73  RC*
291  03  03
292  22  INV
293  64  PD*
294  02  02
295  43  RCL
296  00  00
297  85  +
298  01  1
299  95  =
300  22  INV
301  44  SUM
302  03  03
303  01  1
304  22  INV
305  44  SUM
306  02  02
307  43  RCL
308  02  02
309  75  -
310  43  RCL
311  00  00
312  95  =
313  42  STO
314  04  04
315  43  RCL
316  01  01
317  85  +
318  43  RCL
319  00  00
320  65  ×
321  53  (
322  43  RCL
323  00  00
324  85  +
325  01  1
326  54  )
327  75  -
328  01  1
329  95  =
330  42  STO
331  05  05
332  97  DSZ
333  09  09
334  16  A'
335  43  RCL
336  00  00
337  42  STO
338  02  02
339  43  RCL
340  00  00
341  33  X²
342  85  +
343  43  RCL
344  01  01
345  95  =
346  42  STO
347  03  03
348  76  LBL
349  18  C'
350  73  RC*
351  03  03
352  91  R/S
353  01  1
354  44  SUM
355  03  03
356  97  DSZ
357  02  02
358  18  C'
359  91  R/S
```

2.2 Der Gaußalgorithmus mit Pivotsuche

Das Programm löst auch solche linearen Gleichungssysteme **Ax** = **a** (A n,n-Matrix, **a** n-Spalte), bei denen der gewöhnliche Gaußalgorithmus wegen einer Null in der Hauptdiagonalen der zu erzeugenden Matrix R versagen würde (siehe 2.1 „Der Algorithmus von Gauß"). Beim Gaußalgorithmus mit Pivotsuche wird vor dem Eliminationsschritt j das betragsgrößte Element der „Restspalte" j

$$|a_{rj}| = \max_{i \geq j} |a_{ij}|$$

gesucht und anschließend die Zeile r der Matrix [A, **a**] mit Zeile j vertauscht.

Das Programm berechnet nicht den Wert der Determinante von A. Es bearbeitet Matrizen bis zur Ordnung n = 6.

Programminstruktionen

	Verfahren	Eingabe	Taste	Anzeige
1	Magnetkarte einlesen (Block 1, 2)			2
2	Programmbeginn		A	2
3	Eingabe der Nummer des ersten zu belegenden Speicherplatzes $k \geq 15$	k	R/S	1
4	Eingabe der Matrix [A, **a**] spaltenweise	a_{11}	R/S	2
		a_{21}	R/S	3
		⋮	⋮	⋮
		a_{nn}	R/S	n^2+1
		a_1	R/S	n^2+2
		⋮	⋮	⋮
		a_n	R/S	n^2+n+1
5	Ende der Koeffizienteneingabe		B	0
6	Eingabe von n und k	n	R/S	n
		k	R/S	
7	Ergebnisanzeige			x_1
			R/S	x_2
			⋮	⋮
			R/S	x_n

Registerinhalte

$R_{00}, \ldots, R_{14}$: Programmzeiger
$R_k, \ldots, R_{k+n^2-1}$: $a_{11}, \ldots, a_{nn}$
$R_{k+n^2}, \ldots, R_{k+n^2+n-1}$: $a_1, \ldots, a_n$

Beispiel

Gesucht ist die Lösung des linearen Gleichungssystems $\mathbf{Ax} = \mathbf{a}$ mit

$$A = \begin{bmatrix} 2 & 2 & 0 \\ 1 & 1 & 3 \\ 1 & 3 & 2 \end{bmatrix} \text{ und } \mathbf{a} = \begin{bmatrix} 8 \\ 10 \\ 14 \end{bmatrix}.$$

Anmerkungen		Eingabe	Taste	Anzeige
Magnetkarte einlesen (Block 1, 2)				2
Programmbeginn			A	2
Eingabe von:	k	15	R/S	1
	a_{11}	2	R/S	2
	a_{21}	1	R/S	3
	a_{31}	1	R/S	4
	a_{12}	2	R/S	5
	a_{22}	1	R/S	6
	a_{32}	3	R/S	7
	a_{13}	0	R/S	8
	a_{23}	3	R/S	9
	a_{33}	2	R/S	10
	a_1	8	R/S	11
	a_2	10	R/S	12
	a_3	14	R/S	13
Ende der Koeffizienteneingabe			B	0
Eingabe von:	n	3	R/S	3
	k	15	R/S	
Anzeige von:	x_1			1
	x_2		R/S	3
	x_3		R/S	2

Programm 2.2	Der Gaußalgorithmus mit Pivotsuche

```
000  76 LBL
001  11  A
002  91 R/S
003  42 STO
004  00  00
005  01  1
006  42 STO
007  01  01
008  43 RCL
009  01  01
010  91 R/S
011  72 ST*
012  00  00
013  01  1
014  44 SUM
015  00  00
016  01  1
017  44 SUM
018  01  01
019  61 GTO
020  00  00
021  08  08
022  76 LBL
023  12  B
024  25 CLR
025  91 R/S
026  42 STO
027  00  00
028  91 R/S
029  42 STO
030  01  01
031  42 STO
032  02  02
033  42 STO
034  04  04
035  43 RCL
036  02  02
037  85  +
038  01  1
039  95  =
040  42 STO
041  03  03
042  42 STO
043  05  05
044  43 RCL
045  00  00
046  75  -
047  01  1
048  95  =
049  42 STO
050  07  07
051  76 LBL
```

```
052  13  C
053  00  0
054  42  STO
055  12  12
056  42  STO
057  13  13
058  42  STO
059  14  14
060  32  X:T
061  43  RCL
062  02  02
063  42  STO
064  11  11
065  43  RCL
066  07  07
067  42  STO
068  06  06
069  73  RC*
070  02  02
071  50  I×I
072  32  X:T
073  01  1
074  44  SUM
075  11  11
076  73  RC*
077  11  11
078  50  I×I
079  22  INV
080  77  GE
081  00  00
082  94  94
083  67  EQ
084  00  00
085  94  94
086  32  X:T
087  43  RCL
088  11  11
089  42  STO
090  12  12
091  01  1
092  44  SUM
093  14  14
094  97  DSZ
095  06  06
096  00  00
097  73  73
098  43  RCL
099  14  14
100  32  X:T
101  00  0
102  77  GE
103  01  01
104  48  48
105  43  RCL
106  07  07
107  85  +
108  02  2
109  95  =
110  42  STO
111  06  06
112  76  LBL
113  10  E'
114  73  RC*
115  12  12
116  42  STO
117  13  13
118  73  RC*
119  02  02
120  72  ST*
121  12  12
122  43  RCL
123  13  13
124  72  ST*
125  02  02
126  43  RCL
127  00  00
128  44  SUM
129  02  02
130  44  SUM
131  12  12
132  97  DSZ
133  06  06
134  10  E'
135  53  (
136  43  RCL
137  07  07
138  85  +
139  02  2
140  54  )
141  65  ×
142  43  RCL
143  00  00
144  95  =
145  22  INV
146  44  SUM
147  02  02
148  43  RCL
149  07  07
150  42  STO
151  08  08
152  00  0
153  32  X:T
154  73  RC*
155  02  02
156  67  EQ
157  04  04
158  79  79
159  76  LBL
160  14  D
161  43  RCL
162  07  07
163  85  +
164  02  2
165  95  =
166  42  STO
167  09  09
168  00  0
169  32  X:T
170  73  RC*
171  03  03
172  67  EQ
173  02  02
174  06  06
175  73  RC*
176  03  03
177  55  ÷
178  73  RC*
179  02  02
180  95  =
181  42  STO
182  10  10
183  76  LBL
184  15  E
185  73  RC*
186  04  04
187  65  ×
188  43  RCL
189  10  10
190  95  =
191  22  INV
192  74  SM*
193  05  05
194  43  RCL
195  00  00
196  44  SUM
197  04  04
198  44  SUM
199  05  05
200  97  DSZ
201  09  09
202  15  E
203  01  1
204  44  SUM
205  03  03
206  53  (
207  43  RCL
208  07  07
209  85  +
210  02  2
211  54  )
212  65  ×
213  43  RCL
214  00  00
215  95  =
216  22  INV
217  44  SUM
218  04  04
219  75  -
220  01  1
221  95  =
222  22  INV
223  44  SUM
224  05  05
225  97  DSZ
226  08  08
227  14  D
228  43  RCL
229  00  00
230  85  +
231  01  1
232  95  =
233  44  SUM
234  02  02
235  43  RCL
236  02  02
237  42  STO
238  04  04
239  85  +
240  01  1
241  95  =
242  42  STO
243  05  05
244  42  STO
245  03  03
246  97  DSZ
247  07  07
248  13  C
249  43  RCL
250  01  01
251  85  +
252  53  (
253  43  RCL
254  00  00
255  85  +
256  01  1
257  54  )
258  65  ×
259  43  RCL
260  00  00
261  75  -
262  01  1
263  95  =
264  42  STO
265  02  02
266  43  RCL
267  01  01
268  85  +
269  53  (
270  43  RCL
271  00  00
272  85  +
273  01  1
274  54  )
275  65  ×
276  53  (
277  43  RCL
278  00  00
279  75  -
280  01  1
281  54  )
282  95  =
283  42  STO
284  03  03
285  73  RC*
286  03  03
287  22  INV
288  64  PD*
289  02  02
290  01  1
291  22  INV
292  44  SUM
293  02  02
294  43  RCL
295  00  00
296  85  +
297  01  1
```

```
298  95  =
299  22  INV
300  44  SUM
301  03  03
302  43  RCL
303  02  02
304  75  -
305  43  RCL
306  00  00
307  95  =
308  42  STO
309  04  04
310  43  RCL
311  02  02
312  85  +
313  01  1
314  95  =
315  42  STO
316  05  05
317  43  RCL
318  00  00
319  75  -
320  01  1
321  95  =
322  42  STO
323  09  09
324  76  LBL
325  16  A'
326  43  RCL
327  00  00
328  75  -
329  43  RCL
330  09  09
331  95  =
332  42  STO
333  08  08
334  76  LBL
335  17  B'
336  73  RC*
337  04  04
338  65  ×
339  73  RC*
340  05  05
341  95  =
342  22  INV
343  74  SM*
344  02  02
345  43  RCL
346  00  00
347  22  INV
348  44  SUM
349  04  04
350  01  1
351  22  INV
352  44  SUM
353  05  05
354  97  DSZ
355  08  08
356  17  B'
357  73  RC*
358  03  03
359  22  INV
360  64  PD*
361  02  02
362  43  RCL
363  00  00
364  85  +
365  01  1
366  95  =
367  22  INV
368  44  SUM
369  03  03
370  01  1
371  22  INV
372  44  SUM
373  02  02
374  43  RCL
375  02  02
376  75  -
377  43  RCL
378  00  00
379  95  =
380  42  STO
381  04  04
382  43  RCL
383  01  01
384  85  +
385  43  RCL
386  00  00
387  65  ×
388  53  (
389  43  RCL
390  00  00
391  85  +
392  01  1
393  54  )
394  75  -
395  01  1
396  95  =
397  42  STO
398  05  05
399  97  DSZ
400  09  09
401  16  A'
402  43  RCL
403  00  00
404  42  STO
405  02  02
406  43  RCL
407  00  00
408  33  X²
409  85  +
410  43  RCL
411  01  01
412  95  =
413  42  STO
414  03  03
415  76  LBL
416  18  C'
417  73  RC*
418  03  03
419  91  R/S
420  01  1
421  44  SUM
422  03  03
423  97  DSZ
424  02  02
425  18  C'
426  91  R/S
427  81  RST
428  00  0
429  00  0
430  00  0
431  00  0
432  00  0
433  00  0
```

2.3 Die LR-Zerlegung

Die LR-Zerlegung ist ein konzentrierter Gaußalgorithmus, der die Matrix A zerlegt in das Produkt zweier Dreiecksmatrizen L und R. Dabei sei A zunächst ohne Zeilenvertauschungen zerlegbar, was i.a. nicht der Fall ist.

Die LR-Zerlegung läßt sich zur Lösung linearer Gleichungssysteme verwenden. Besonders sinnvoll ist ihre Anwendung, wenn mehrere Systeme $\mathbf{Ax} = \mathbf{a}_1, \ldots, \mathbf{Ax} = \mathbf{a}_r$ mit identischer Koeffizientenmatrix A vorliegen. Zur Lösung dieser r Systeme wird die LR-Zerlegung einmal bereitgestellt.

Das Programm wurde in zwei Teile zerlegt; dadurch läßt es sich auf Matrizen bis zur Ordnung $n = 6$ anwenden.

Programminstruktionen

	Verfahren	Eingabe	Taste	Anzeige
1	„Teil 1" einlesen (Block 1)			1
2	Programmbeginn „Teil 1"		A	1
3	Eingabe der Nummer des ersten zu belegenden Speicherplatzes $k \geq 11$	k	R/S	1
4	Eingabe der Matrix [A, a] spaltenweise	a_{11}	R/S	2
		a_{21}	R/S	3
		⋮	⋮	⋮
		a_{nn}	R/S	n^2+1
		a_1	R/S	n^2+2
		⋮	⋮	⋮
		a_n	R/S	n^2+n+1
5	Ende der Koeffizienteneingabe		B	0
6	Eingabe von n und k	n	R/S	0
		k	R/S	
				0
7	„Teil 2" einlesen (Block 1, 2)			2
8	Programmbeginn „Teil 2"		C	
9	Ergebnisanzeige			x_1
			R/S	x_2
			⋮	⋮
			R/S	x_n
10	Eingabe einer neuen „rechten Seite" a'		A'	1
		a_1'	R/S	2
		⋮	⋮	⋮
		a_n'	R/S	n+1
11	Ende der Eingabe		C'	
12	Ergebnisanzeige			x_1'
			R/S	x_2'
			⋮	⋮
			R/S	x_n'

Registerinhalte

$R_{00}, \ldots, R_{10}$: Programmzeiger
$R_k, \ldots, R_{k+n^2-1}$: $a_{11}, \ldots, a_{nn}$
$R_{k+n^2}, \ldots, R_{k+n^2+n-1}$: $a_1, \ldots, a_n$

Bemerkungen

1. Ist eine LR-Zerlegung von A nicht möglich, so hält das Programm, und der Rechner zeigt dies durch eine blinkende Anzeige an.
2. Die Schritte 10 bis 12 können beliebig oft wiederholt werden.

Beispiel

Gesucht ist die Lösung der linearen Gleichungssysteme $A\mathbf{x} = \mathbf{a}$ und $A\mathbf{x} = \mathbf{a}'$ mit

$$A = \begin{bmatrix} 2 & 2 & 0 \\ 2 & 1 & 1 \\ 1 & 1 & 2 \end{bmatrix}, \qquad \mathbf{a} = \begin{bmatrix} 6 \\ 7 \\ 9 \end{bmatrix}, \qquad \mathbf{a}' = \begin{bmatrix} 12 \\ 18 \\ 14 \end{bmatrix}$$

Anmerkungen	Eingabe	Taste	Anzeige
„Teil 1" einlesen (Block 1)			1
Programmbeginn „Teil 1"		A	1
Eingabe von: k	11	R/S	1
a_{11}	2	R/S	2
a_{21}	2	R/S	3
a_{31}	1	R/S	4
a_{12}	2	R/S	5
a_{22}	1	R/S	6
a_{32}	1	R/S	7
a_{13}	0	R/S	8
a_{23}	1	R/S	9
a_{33}	2	R/S	10
a_1	6	R/S	11
a_2	7	R/S	12
a_3	9	R/S	13
Ende der Koeffizienteneingabe		B	0
Eingabe von: n	3	R/S	0
k	11	R/S	
			0
„Teil 2" einlesen (Block 1, 2)			2
Programmbeginn „Teil 2"		C	
Anzeige von: x_1			1
x_2		R/S	2
x_3		R/S	3
neue „rechte Seite" **a'**		A'	1
Eingabe von: a_1'	12	R/S	2
a_2'	18	R/S	3
a_3'	14	R/S	4
Ende der Eingabe		C'	
Anzeige von: x_1'			8
x_2'		R/S	−2
x_3'		R/S	4

Programm 2.3	**Die LR-Zerlegung**

Teil 1

```
000  76 LBL
001  11  A
002  91 R/S
003  42 STO
004  02  02
005  01  1
006  42 STO
007  03  03
008  43 RCL
009  03  03
010  91 R/S
011  72 ST*
012  02  02
013  01  1
014  44 SUM
015  03  03
016  44 SUM
017  02  02
018  61 GTO
019  00  00
020  08  08
021  76 LBL
022  12  B
023  25 CLR
024  91 R/S
025  42 STO
026  00  00
027  75  -
028  01  1
029  95  =
030  42 STO
031  04  04
032  25 CLR
033  91 R/S
034  42 STO
035  01  01
036  42 STO
037  02  02
038  85  +
039  01  1
040  95  =
041  42 STO
042  03  03
043  00  0
044  32 X:T
045  73 RC*
046  02  02
047  67  EQ
048  99 PRT
049  76 LBL
050  22 INV
051  73 RC*
052  02  02
053  22 INV
054  64 PD*
055  03  03
056  01  1
057  44 SUM
058  03  03
059  97 DSZ
060  04  04
061  22 INV
062  43 RCL
063  01  01
064  85  +
065  43 RCL
066  00  00
067  85  +
068  01  1
069  95  =
070  42 STO
071  05  05
072  42 STO
073  06  06
074  43 RCL
075  01  01
076  85  +
077  01  1
078  95  =
079  42 STO
080  03  03
081  43 RCL
082  01  01
083  85  +
084  43 RCL
085  00  00
086  95  =
087  42 STO
088  04  04
089  43 RCL
090  00  00
091  75  -
092  01  1
093  95  =
094  42 STO
095  07  07
096  25 CLR
097  91 R/S
```

Teil 2

```
000  76 LBL
001  13  C
002  43 RCL
003  00  00
004  75  -
005  43 RCL
006  07  07
007  95  =
008  42 STO
009  08  08
010  01  1
011  42 STO
012  10  10
013  76 LBL
014  14  D
015  43 RCL
016  10  10
017  42 STO
018  09  09
019  76 LBL
020  23 LNX
021  73 RC*
022  03  03
023  65  ×
024  73 RC*
025  04  04
026  95  =
027  22 INV
028  74 SM*
029  05  05
030  43 RCL
031  00  00
032  44 SUM
033  03  03
034  01  1
035  44 SUM
036  04  04
037  97 DSZ
038  09  09
039  23 LNX
040  43 RCL
041  10  10
042  65  ×
043  43 RCL
044  00  00
045  75  -
046  01  1
047  95  =
048  22 INV
049  44 SUM
050  03  03
051  43 RCL
052  10  10
053  22 INV
054  44 SUM
055  04  04
056  01  1
057  44 SUM
058  05  05
059  44 SUM
060  10  10
061  97 DSZ
062  08  08
063  14  D
064  43 RCL
065  07  07
066  75  -
067  01  1
068  95  =
069  42 STO
070  08  08
071  00  0
072  32 X:T
073  43 RCL
074  08  08
075  67  EQ
076  18 C'
077  76 LBL
078  10 E'
079  43 RCL
080  00  00
081  75  -
082  43 RCL
083  07  07
084  95  =
085  42 STO
086  09  09
087  76 LBL
088  24 CE
089  73 RC*
090  03  03
091  65  ×
092  73 RC*
093  04  04
094  95  =
095  22 INV
096  74 SM*
097  05  05
098  43 RCL
099  00  00
```

```
100  44  SUM
101  03  03
102  01  1
103  44  SUM
104  04  04
105  97  DSZ
106  09  09
107  24  CE
108  73  RC*
109  06  06
110  67  EQ
111  99  PRT
112  73  RC*
113  06  06
114  22  INV
115  64  PD*
116  05  05
117  53  (
118  43  RCL
119  00  00
120  75  -
121  43  RCL
122  07  07
123  54  )
124  65  ×
125  43  RCL
126  00  00
127  75  -
128  01  1
129  95  =
130  22  INV
131  44  SUM
132  03  03
133  43  RCL
134  00  00
135  75  -
136  43  RCL
137  07  07
138  95  =
139  22  INV
140  44  SUM
141  04  04
142  01  1
143  44  SUM
144  05  05
145  97  DSZ
146  08  08
147  10  E'
148  43  RCL
149  05  05
150  42  STO
151  04  04
152  01  1
153  44  SUM
154  05  05
155  43  RCL
156  01  01
157  85  +
158  01  1
159  95  =
160  42  STO
161  03  03
162  43  RCL
163  00  00
164  85  +
165  01  1
166  95  =
167  44  SUM
168  06  06
169  97  DSZ
170  07  07
171  13  C
172  76  LBL
173  18  C'
174  43  RCL
175  01  01
176  85  +
177  43  RCL
178  00  00
179  33  X²
180  95  =
181  42  STO
182  03  03
183  85  +
184  01  1
185  95  =
186  42  STO
187  05  05
188  43  RCL
189  01  01
190  85  +
191  01  1
192  95  =
193  42  STO
194  04  04
195  43  RCL
196  00  00
197  75  -
198  01  1
199  95  =
200  42  STO
201  09  09
202  76  LBL
203  98  ADV
204  43  RCL
205  00  00
206  75  -
207  43  RCL
208  09  09
209  95  =
210  42  STO
211  08  08
212  76  LBL
213  17  B'
214  73  RC*
215  04  04
216  65  ×
217  73  RC*
218  03  03
219  95  =
220  22  INV
221  74  SM*
222  05  05
223  43  RCL
224  00  00
225  44  SUM
226  04  04
227  01  1
228  44  SUM
229  03  03
230  97  DSZ
231  08  08
232  17  B'
233  01  1
234  44  SUM
235  05  05
236  43  RCL
237  01  01
238  85  +
239  43  RCL
240  00  00
241  33  X²
242  95  =
243  42  STO
244  03  03
245  43  RCL
246  01  01
247  85  +
248  43  RCL
249  00  00
250  75  -
251  43  RCL
252  09  09
253  85  +
254  01  1
255  95  =
256  42  STO
257  04  04
258  97  DSZ
259  09  09
260  98  ADV
261  43  RCL
262  01  01
263  85  +
264  53  (
265  43  RCL
266  00  00
267  85  +
268  01  1
269  54  )
270  65  ×
271  43  RCL
272  00  00
273  75  -
274  01  1
275  95  =
276  42  STO
277  02  02
278  43  RCL
279  01  01
280  85  +
281  53  (
282  43  RCL
283  00  00
284  85  +
285  01  1
286  54  )
287  65  ×
288  53  (
289  43  RCL
290  00  00
291  75  -
292  01  1
293  54  )
294  95  =
295  42  STO
296  03  03
297  73  RC*
298  03  03
299  22  INV
300  64  PD*
301  02  02
302  01  1
303  22  INV
304  44  SUM
305  02  02
306  43  RCL
307  00  00
308  85  +
309  01  1
310  95  =
311  22  INV
312  44  SUM
313  03  03
314  43  RCL
315  02  02
316  75  -
317  43  RCL
318  00  00
319  95  =
320  42  STO
321  04  04
322  43  RCL
323  02  02
324  85  +
325  01  1
326  95  =
327  42  STO
328  05  05
329  43  RCL
330  00  00
331  75  -
332  01  1
333  95  =
334  42  STO
335  09  09
336  76  LBL
337  90  LST
338  43  RCL
339  00  00
340  75  -
341  43  RCL
342  09  09
343  95  =
344  42  STO
345  08  08
346  76  LBL
347  89  π
```

```
348  73 RC*
349  04  04
350  65  ×
351  73 RC*
352  05  05
353  95  =
354  22 INV
355  74 SM*
356  02  02
357  43 RCL
358  00  00
359  22 INV
360  44 SUM
361  04  04
362  01  1
363  22 INV
364  44 SUM
365  05  05
366  97 DSZ
367  08  08
368  89  π
369  73 RC*
370  03  03
371  22 INV
372  64 PD*
373  02  02
374  43 RCL
375  00  00
376  85  +
377  01  1
378  95  =
379  22 INV
380  44 SUM
381  03  03
382  01  1
383  22 INV
384  44 SUM
385  02  02
386  43 RCL
387  02  02
388  75  -
389  43 RCL
390  00  00
391  95  =
392  42 STO
393  04  04
394  43 RCL
395  01  01
396  85  +
397  43 RCL
398  00  00
399  65  ×
400  53  (
401  43 RCL
402  00  00
403  85  +
404  01  1
405  54  )
406  75  -
407  01  1
408  95  =
409  42 STO
410  05  05
411  97 DSZ
412  09  09
413  90 LST
414  43 RCL
415  00  00
416  42 STO
417  02  02
418  43 RCL
419  00  00
420  33 X²
421  85  +
422  43 RCL
423  01  01
424  95  =
425  42 STO
426  03  03
427  76 LBL
428  88 DMS
429  73 RC*
430  03  03
431  91 R/S
432  01  1
433  44 SUM
434  03  03
435  97 DSZ
436  02  02
437  88 DMS
438  91 R/S
439  76 LBL
440  16 A'
441  43 RCL
442  01  01
443  85  +
444  43 RCL
445  00  00
446  33 X²
447  95  =
448  42 STO
449  03  03
450  01  1
451  42 STO
452  04  04
453  43 RCL
454  04  04
455  91 R/S
456  72 ST*
457  03  03
458  01  1
459  44 SUM
460  03  03
461  44 SUM
462  04  04
463  61 GTO
464  04  04
465  53  53
```

2.4 Die LR-Zerlegung mit Pivotsuche

Die gewöhnliche LR-Zerlegung versagt, wenn eines der Diagonalelemente von R zu Null wird. Dann hat A keine LR-Zerlegung, wohl aber die Matrix $P \cdot A$, wobei P die Permutationsmatrix der Zeilenvertauschungen ist. Das Programm bestimmt also Dreiecksmatrizen L und R mit $L \cdot R = P \cdot A$. Es wurde in drei Teile zerlegt und gestattet so die Anwendung auf Matrizen bis zur Ordnung $n = 5$. Für die Lösung mehrerer linearer Gleichungssysteme gilt das entsprechende wie beim Programm 2.3 „Die LR-Zerlegung".

Programminstruktionen

	Verfahren	Eingabe	Taste	Anzeige
1	„Teil 1" einlesen (Block 1)			1
2	Programmbeginn „Teil 1"		A	1
3	Eingabe der Nummer des ersten zu belegenden Speicherplatzes $k \geq 14$	k	R/S	1

	Verfahren	Eingabe	Taste	Anzeige
4	Eingabe der Matrix [A, a] spaltenweise	a_{11}	R/S	2
		a_{21}	R/S	3
		$\vdots$	$\vdots$	$\vdots$
		a_{nn}	R/S	n^2+1
		a_1	R/S	n^2+2
		$\vdots$	$\vdots$	$\vdots$
		a_n	R/S	n^2+n+1
5	Ende der Koeffizienteneingabe		B	n^2+n+1
6	Eingabe von n und k	n	R/S	n
		k	R/S	
				0
7	„Teil 2" einlesen (Block 1, 2)			2
8	Programmbeginn „Teil 2"		C	
				0
9	„Teil 3" einlesen (Block 1, 2)			2
10	Programmbeginn „Teil 3"		D	
11	Ergebnisanzeige			x_1
			R/S	x_2
			$\vdots$	$\vdots$
			R/S	x_n
12	Eingabe einer neuen „rechten Seite" a'		A'	1
		a'_1	R/S	2
		$\vdots$	$\vdots$	$\vdots$
		a'_n	R/S	n+1
13	Ende der Koeffizienteneingabe		B'	
14	Ergebnisanzeige			x'_1
			R/S	x'_2
			$\vdots$	$\vdots$
			R/S	x'_n

Registerinhalte

$R_{00}, \ldots, R_{13}$: Programmzeiger
$R_k, \ldots, R_{k+n^2-1}$: $a_{11}, \ldots, a_{nn}$
$R_{k+n^2}, \ldots, R_{k+n^2+n-1}$: $a_1, \ldots, a_n$
$R_{k+n^2+n}, \ldots, R_{k+n^2+2n-1}$: Zeilenindizes

Bemerkungen

1. In den Registern $R_{k+n^2+n}, \ldots, R_{k+n^2+2n-1}$ werden die Zeilenvertauschungen gespeichert.
2. Ist A nicht regulär, so hält das Programm und der Rechner zeigt dies durch eine blinkende Anzeige an.

Beispiel

Gesucht ist die Lösung der linearen Gleichungssysteme $Ax = a$ und $Ax = a'$ mit

$$A = \begin{bmatrix} 2 & 2 & 0 \\ 1 & 1 & 2 \\ 2 & 1 & 1 \end{bmatrix}, \qquad a = \begin{bmatrix} 6 \\ 9 \\ 7 \end{bmatrix}, \qquad a' = \begin{bmatrix} 12 \\ 14 \\ 18 \end{bmatrix}$$

Anmerkungen		Eingabe	Taste	Anzeige
„Teil 1" einlesen (Block 1)				1
Programmbeginn „Teil 1"			A	1
Eingabe von:	k	14	R/S	1
	a_{11}	2	R/S	2
	a_{21}	1	R/S	3
	a_{31}	2	R/S	4
	a_{12}	2	R/S	5
	a_{22}	1	R/S	6
	a_{32}	1	R/S	7
	a_{13}	0	R/S	8
	a_{23}	2	R/S	9
	a_{33}	1	R/S	10
	a_1	6	R/S	11
	a_2	9	R/S	12
	a_3	7	R/S	13
Ende der Koeffizienteneingabe			B	13
Eingabe von:	n	3	R/S	3
	k	14	R/S	
				0
„Teil 2" einlesen (Block 1, 2)				2
Programmbeginn „Teil 2"			C	
				0
„Teil 3" einlesen (Block 1, 2)				2
Programmbeginn „Teil 3"			D	
Anzeige von:	x_1			1
	x_2		R/S	2
	x_3		R/S	3

Anmerkungen	Eingabe	Taste	Anzeige
neue „rechte Seite" **a'**		A'	1
Eingabe von: a_1'	12	R/S	2
a_2'	14	R/S	3
a_3'	18	R/S	4
Ende der Eingabe		B'	
Anzeige von: x_1'			8
x_2'		R/S	–2
x_3'		R/S	4

Programm 2.4	**Die LR-Zerlegung mit Pivotsuche**

Teil 1

```
000  76 LBL
001  11  A
002  91 R/S
003  42 STO
004  02  02
005  01  1
006  42 STO
007  03  03
008  43 RCL
009  03  03
010  91 R/S
011  72 ST*
012  02  02
013  01  1
014  44 SUM
015  03  03
016  44 SUM
017  02  02
018  61 GTO
019  00  00
020  08  08
021  76 LBL
022  12  B
023  91 R/S
024  42 STO
025  00  00
026  91 R/S
027  42 STO
028  01  01
029  85  +
030  43 RCL
031  00  00
032  33 X²
033  85  +
034  43 RCL
035  00  00
036  95  =
037  42 STO
038  02  02
039  01  1
040  42 STO
041  03  03
042  43 RCL
043  00  00
044  42 STO
045  04  04
046  76 LBL
047  22 INV
048  43 RCL
049  03  03
050  72 ST*
051  02  02
052  01  1
053  44 SUM
054  02  02
055  44 SUM
056  03  03
057  97 DSZ
058  04  04
059  22 INV
060  43 RCL
061  01  01
062  42 STO
063  02  02
064  42 STO
065  11  11
066  85  +
067  01  1
068  95  =
069  42 STO
070  03  03
071  43 RCL
072  00  00
073  75  -
074  01  1
075  95  =
076  42 STO
077  06  06
078  42 STO
079  07  07
080  00  0
081  42 STO
082  12  12
083  42 STO
084  13  13
085  32 X⇌T
086  73 RC*
087  02  02
088  50 I×I
089  32 X⇌T
090  91 R/S
```

Teil 2

```
000  76 LBL
001  13  C
002  01  1
003  44 SUM
004  11  11
005  73 RC*
006  11  11
007  22 INV
008  77  GE
009  24 CE
010  67  EQ
011  24 CE
012  32 X⇌T
013  43 RCL
014  11  11
015  42 STO
016  12  12
017  01  1
018  44 SUM
019  13  13
020  76 LBL
021  24 CE
022  97 DSZ
023  06  06
024  13  C
025  43 RCL
026  13  13
027  32 X⇌T
028  00  0
029  77  GE
030  25 CLR
031  43 RCL
032  07  07
033  85  +
034  03  3
035  95  =
036  42 STO
037  06  06
038  76 LBL
039  32 X⇌T
```

```
040   73 RC*
041   12  12
042   63 EX*
043   02  02
044   63 EX*
045   12  12
046   43 RCL
047   00  00
048   44 SUM
049   02  02
050   44 SUM
051   12  12
052   97 DSZ
053   06  06
054   32 X:T
055   76 LBL
056   25 CLR
057   43 RCL
058   00  00
059   75  -
060   01  1
061   95  =
062   42 STO
063   06  06
064   29 CP
065   73 RC*
066   01  01
067   67  EQ
068   96 WRT
069   76 LBL
070   33 X²
071   73 RC*
072   01  01
073   22 INV
074   64 PD*
075   03  03
076   01  1
077   44 SUM
078   03  03
079   97 DSZ
080   06  06
081   33 X²
082   43 RCL
083   01  01
084   85  +
085   43 RCL
086   00  00
087   85  +
088   01  1
089   95  =
090   42 STO
091   05  05
092   42 STO
093   06  06
094   43 RCL
095   01  01
096   85  +
097   01  1
098   95  =
099   42 STO
100   03  03
101   43 RCL
```

```
102   01  01
103   85  +
104   43 RCL
105   00  00
106   95  =
107   42 STO
108   04  04
109   43 RCL
110   00  00
111   75  -
112   01  1
113   95  =
114   42 STO
115   07  07
116   76 LBL
117   18 C'
118   43 RCL
119   00  00
120   75  -
121   43 RCL
122   07  07
123   75  -
124   01  1
125   95  =
126   42 STO
127   08  08
128   01  1
129   42 STO
130   10  10
131   00  0
132   29 CP
133   43 RCL
134   08  08
135   67  EQ
136   34 ΓX
137   76 LBL
138   35 1/X
139   43 RCL
140   10  10
141   42 STO
142   09  09
143   76 LBL
144   42 STO
145   73 RC*
146   03  03
147   65  ×
148   73 RC*
149   04  04
150   95  =
151   22 INV
152   74 SM*
153   05  05
154   43 RCL
155   00  00
156   44 SUM
157   03  03
158   01  1
159   44 SUM
160   04  04
161   97 DSZ
162   09  09
163   42 STO
```

```
164   43 RCL
165   10  10
166   65  ×
167   43 RCL
168   00  00
169   75  -
170   01  1
171   95  =
172   22 INV
173   44 SUM
174   03  03
175   43 RCL
176   10  10
177   22 INV
178   44 SUM
179   04  04
180   01  1
181   44 SUM
182   05  05
183   44 SUM
184   10  10
185   97 DSZ
186   08  08
187   35 1/X
188   76 LBL
189   34 ΓX
190   43 RCL
191   07  07
192   42 STO
193   08  08
194   76 LBL
195   43 RCL
196   43 RCL
197   00  00
198   75  -
199   43 RCL
200   07  07
201   95  =
202   42 STO
203   09  09
204   76 LBL
205   44 SUM
206   73 RC*
207   03  03
208   65  ×
209   73 RC*
210   04  04
211   95  =
212   22 INV
213   74 SM*
214   05  05
215   43 RCL
216   00  00
217   44 SUM
218   03  03
219   01  1
220   44 SUM
221   04  04
222   97 DSZ
223   09  09
224   44 SUM
225   53  (
```

```
226   43 RCL
227   00  00
228   75  -
229   43 RCL
230   07  07
231   54  )
232   65  ×
233   43 RCL
234   00  00
235   75  -
236   01  1
237   95  =
238   22 INV
239   44 SUM
240   03  03
241   43 RCL
242   00  00
243   75  -
244   43 RCL
245   07  07
246   95  =
247   22 INV
248   44 SUM
249   04  04
250   01  1
251   44 SUM
252   05  05
253   97 DSZ
254   08  08
255   43 RCL
256   29 CP
257   01  1
258   75  -
259   43 RCL
260   07  07
261   95  =
262   67  EQ
263   99 PRT
264   43 RCL
265   01  01
266   85  +
267   53  (
268   43 RCL
269   00  00
270   75  -
271   43 RCL
272   07  07
273   54  )
274   65  ×
275   53  (
276   43 RCL
277   00  00
278   85  +
279   01  1
280   54  )
281   95  =
282   42 STO
283   02  02
284   42 STO
285   11  11
286   00  0
287   42 STO
```

```
288  12  12
289  42  STO
290  13  13
291  32  X:T
292  43  RCL
293  07  07
294  75  -
295  01  1
296  95  =
297  42  STO
298  09  09
299  73  RC*
300  02  02
301  50  I×I
302  32  X:T
303  76  LBL
304  45  Y×
305  01  1
306  44  SUM
307  11  11
308  73  RC*
309  11  11
310  50  I×I
311  22  INV
312  77  GE
313  52  EE
314  67  EQ
315  52  EE
316  32  X:T
317  43  RCL
318  11  11
319  42  STO
320  12  12
321  01  1
322  44  SUM
323  13  13
324  76  LBL
325  52  EE
326  97  DSZ
327  09  09
328  45  Y×
329  43  RCL
330  13  13
331  32  X:T
332  00  0
333  77  GE
334  53  (
335  43  RCL
336  00  00
337  85  +
338  02  2
339  95  =
340  42  STO
341  09  09
342  43  RCL
343  00  00
344  65  ×
345  53  (
346  43  RCL
347  00  00
348  75  -
349  43  RCL
350  07  07
351  54  )
352  95  =
353  22  INV
354  44  SUM
355  12  12
356  22  INV
357  44  SUM
358  02  02
359  76  LBL
360  54  )
361  73  RC*
362  12  12
363  63  EX*
364  02  02
365  63  EX*
366  12  12
367  43  RCL
368  00  00
369  44  SUM
370  02  02
371  44  SUM
372  12  12
373  97  DSZ
374  09  09
375  54  )
376  76  LBL
377  53  (
378  43  RCL
379  01  01
380  85  +
381  53  (
382  43  RCL
383  00  00
384  75  -
385  43  RCL
386  07  07
387  54  )
388  65  ×
389  53  (
390  43  RCL
391  00  00
392  85  +
393  01  1
394  54  )
395  95  =
396  42  STO
397  06  06
398  85  +
399  01  1
400  95  =
401  42  STO
402  05  05
403  43  RCL
404  07  07
405  75  -
406  01  1
407  95  =
408  42  STO
409  09  09
410  76  LBL
411  55  ÷
412  73  RC*
413  06  06
414  22  INV
415  64  PD*
416  05  05
417  01  1
418  44  SUM
419  05  05
420  97  DSZ
421  09  09
422  55  ÷
423  43  RCL
424  01  01
425  85  +
426  01  1
427  95  =
428  42  STO
429  03  03
430  43  RCL
431  01  01
432  85  +
433  43  RCL
434  00  00
435  65  ×
436  53  (
437  43  RCL
438  00  00
439  85  +
440  01  1
441  75  -
442  43  RCL
443  07  07
444  54  )
445  95  =
446  42  STO
447  04  04
448  85  +
449  01  1
450  95  =
451  42  STO
452  05  05
453  43  RCL
454  00  00
455  85  +
456  01  1
457  95  =
458  44  SUM
459  06  06
460  97  DSZ
461  07  07
462  18  C'
463  76  LBL
464  99  PRT
465  91  R/S
```

Teil 3

```
000  76  LBL
001  14  D
002  43  RCL
003  01  01
004  85  +
005  43  RCL
006  00  00
007  33  X²
008  95  =
009  42  STO
010  03  03
011  85  +
012  01  1
013  95  =
014  42  STO
015  05  05
016  43  RCL
017  01  01
018  85  +
019  01  1
020  95  =
021  42  STO
022  04  04
023  43  RCL
024  00  00
025  75  -
026  01  1
027  95  =
028  42  STO
029  09  09
030  76  LBL
031  98  ADV
032  43  RCL
033  00  00
034  75  -
035  43  RCL
036  09  09
037  95  =
038  42  STO
039  08  08
040  76  LBL
041  97  DSZ
```

```
042  73  RC*
043  04   04
044  65   ×
045  73  RC*
046  03   03
047  95   =
048  22  INV
049  74  SM*
050  05   05
051  43  RCL
052  00   00
053  44  SUM
054  04   04
055  01   1
056  44  SUM
057  03   03
058  97  DSZ
059  08   08
060  97  DSZ
061  01   1
062  44  SUM
063  05   05
064  43  RCL
065  01   01
066  85   +
067  43  RCL
068  00   00
069  33  X²
070  95   =
071  42  STO
072  03   03
073  43  RCL
074  01   01
075  85   +
076  43  RCL
077  00   00
078  75   -
079  43  RCL
080  09   09
081  85   +
082  01   1
083  95   =
084  42  STO
085  04   04
086  97  DSZ
087  09   09
088  98  ADV
089  43  RCL
090  01   01
091  85   +
092  53   (
093  43  RCL
094  00   00
095  85   +
096  01   1
097  54   )
098  65   ×
099  43  RCL
100  00   00
101  75   -
102  01   1
103  95   =
104  42  STO
105  02   02
106  43  RCL
107  01   01
108  85   +
109  53   (
110  43  RCL
111  00   00
112  85   +
113  01   1
114  54   )
115  65   ×
116  53   (
117  43  RCL
118  00   00
119  75   -
120  01   1
121  54   )
122  95   =
123  42  STO
124  03   03
125  73  RC*
126  03   03
127  22  INV
128  64  PD*
129  02   02
130  01   1
131  22  INV
132  44  SUM
133  02   02
134  43  RCL
135  00   00
136  85   +
137  01   1
138  95   =
139  22  INV
140  44  SUM
141  03   03
142  43  RCL
143  02   02
144  75   -
145  43  RCL
146  00   00
147  95   =
148  42  STO
149  04   04
150  43  RCL
151  02   02
152  85   +
153  01   1
154  95   =
155  42  STO
156  05   05
157  43  RCL
158  00   00
159  75   -
160  01   1
161  95   =
162  42  STO
163  09   09
164  76  LBL
165  90  LST
166  43  RCL
167  00   00
168  75   -
169  43  RCL
170  09   09
171  95   =
172  42  STO
173  08   08
174  76  LBL
175  89   π
176  73  RC*
177  04   04
178  65   ×
179  73  RC*
180  05   05
181  95   =
182  22  INV
183  74  SM*
184  02   02
185  43  RCL
186  00   00
187  22  INV
188  44  SUM
189  04   04
190  01   1
191  22  INV
192  44  SUM
193  05   05
194  97  DSZ
195  08   08
196  89   π
197  73  RC*
198  03   03
199  22  INV
200  64  PD*
201  02   02
202  43  RCL
203  00   00
204  85   +
205  01   1
206  95   =
207  22  INV
208  44  SUM
209  03   03
210  01   1
211  22  INV
212  44  SUM
213  02   02
214  43  RCL
215  02   02
216  75   -
217  43  RCL
218  00   00
219  95   =
220  42  STO
221  04   04
222  43  RCL
223  01   01
224  85   +
225  43  RCL
226  00   00
227  65   ×
228  53   (
229  43  RCL
230  00   00
231  85   +
232  01   1
233  54   )
234  75   -
235  01   1
236  95   =
237  42  STO
238  05   05
239  97  DSZ
240  09   09
241  90  LST
242  43  RCL
243  00   00
244  42  STO
245  02   02
246  43  RCL
247  00   00
248  33  X²
249  85   +
250  43  RCL
251  01   01
252  95   =
253  42  STO
254  03   03
255  76  LBL
256  88  DMS
257  73  RC*
258  03   03
259  91  R/S
260  01   1
261  44  SUM
262  03   03
263  97  DSZ
264  02   02
265  88  DMS
266  91  R/S
267  76  LBL
268  16  A'
269  43  RCL
270  01   01
271  85   +
272  43  RCL
273  00   00
274  33  X²
275  95   =
276  42  STO
277  02   02
278  01   1
279  42  STO
280  03   03
281  43  RCL
282  03   03
283  91  R/S
284  72  ST*
285  02   02
286  01   1
287  44  SUM
288  02   02
289  44  SUM
```

```
290  03  03
291  61  GTO
292  02  02
293  81  81
294  76  LBL
295  17  B'
296  29  CP
297  01  1
298  42  STO
299  04  04
300  43  RCL
301  00  00
302  42  STO
303  05  05
304  65  ×
305  03  3
306  85  +
307  43  RCL
308  00  00
309  33  X²
310  85  +
311  43  RCL
312  01  01
313  95  =
314  42  STO
315  07  07
316  76  LBL
317  22  INV
318  43  RCL
319  04  04
320  72  ST*
321  07  07
322  01  1
323  44  SUM
324  04  04
325  44  SUM
326  07  07
327  97  DSZ
328  05  05
329  22  INV
330  43  RCL
331  01  01
332  85  +
333  43  RCL
334  00  00
335  33  X²
336  95  =
337  42  STO
338  07  07
339  85  +
340  43  RCL
341  00  00
342  95  =
343  42  STO
344  04  04
345  85  +
346  02  2
347  65  ×
348  43  RCL
349  00  00
350  95  =
351  42  STO
352  06  06
353  43  RCL
354  00  00
355  75  -
356  01  1
357  95  =
358  42  STO
359  08  08
360  76  LBL
361  23  LNX
362  43  RCL
363  01  01
364  85  +
365  43  RCL
366  00  00
367  33  X²
368  95  =
369  42  STO
370  10  10
371  85  +
372  03  3
373  65  ×
374  43  RCL
375  00  00
376  95  =
377  42  STO
378  05  05
379  43  RCL
380  00  00
381  42  STO
382  09  09
383  76  LBL
384  24  CE
385  73  RC*
386  04  04
387  75  -
388  73  RC*
389  05  05
390  95  =
391  67  EQ
392  25  CLR
393  01  1
394  44  SUM
395  05  05
396  44  SUM
397  10  10
398  97  DSZ
399  09  09
400  24  CE
401  76  LBL
402  25  CLR
403  43  RCL
404  07  07
405  75  -
406  43  RCL
407  10  10
408  95  =
409  67  EQ
410  32  X:T
411  73  RC*
412  07  07
413  63  EX*
414  10  10
415  63  EX*
416  07  07
417  73  RC*
418  06  06
419  63  EX*
420  05  05
421  63  EX*
422  06  06
423  76  LBL
424  32  X:T
425  01  1
426  44  SUM
427  04  04
428  44  SUM
429  06  06
430  44  SUM
431  07  07
432  97  DSZ
433  08  08
434  23  LNX
435  61  GTO
436  14  D'
```

2.5 Inversion mit totaler Pivotsuche

Das Programm bestimmt die Inverse $A^{-1} = [a'_{ik}]$ einer regulären n,n-Matrix A mittels des Austauschverfahrens. Dabei wird in jedem Schritt innerhalb der bisher nicht getauschten Zeilen und Spalten eine totale Pivotsuche durchgeführt. Der jeweilige Pivot wird in die Hauptdiagonale getauscht. Nach Durchführung der Inversion werden die Zeilen und Spalten in natürlicher Reihenfolge geordnet.

Das Programm zerfällt in drei Teile und gestattet so die Anwendung auf Matrizen bis zur Ordnung n = 6.

Programminstruktionen

	Verfahren	Eingabe	Taste	Anzeige
1	„Teil 1" einlesen (Block 1)			1
2	Programmbeginn „Teil 1"		A	1
3	Eingabe der Matrixordnung n	n	R/S	n
4	Eingabe der Nummer des ersten zu belegenden Speicherplatzes $k \geq 11$	k	R/S	1
5	Eingabe der Matrix A spaltenweise	a_{11}	R/S	2
		a_{21}	R/S	3
		⋮	⋮	⋮
		a_{nn}	R/S	n^2+1
6	Ende der Koeffizienteneingabe		B	0
7	„Teil 2" einlesen (Block 1, 2)			2
8	Programmbeginn „Teil 2"		C	0
9	„Teil 3" einlesen (Block 1, 2)			2
10	Programmbeginn „Teil 3"		D	
11	Ergebnisanzeige (A^{-1} spaltenweise)			a'_{11}
			R/S	a'_{21}
			⋮	⋮
			R/S	a'_{nn}

Registerinhalte

$R_{00}, \ldots, R_{10}$: Programmzeiger
$R_k, \ldots, R_{k+2n-1}$: Zeilen- und Spaltenindizes
$R_{k+2n}, \ldots, R_{k+n^2+2n-1}$: $a_{11}, \ldots, a_{nn}$

Bemerkungen

1. In den Registern $R_k, \ldots, R_{k+2n-1}$ werden die Zeilen- und Spaltenvertauschungen gespeichert und für den Rücktausch von dort abgerufen.
2. Ist A singulär, so hält das Programm während der Ausführung von „Teil 2" und zeigt dieses durch eine blinkende Anzeige an.

Beispiel

Gesucht ist die Inverse der Matrix $A = \begin{bmatrix} 2 & 2 & 0 \\ 1 & 1 & 2 \\ 2 & 1 & 1 \end{bmatrix}$.

Anmerkungen	Eingabe	Taste	Anzeige
„Teil 1" einlesen (Block 1)			1
Programmbeginn „Teil 1"		A	1
Eingabe von: n	3	R/S	3
k	11	R/S	
			1
Eingabe von: a_{11}	2	R/S	2
a_{21}	1	R/S	3
a_{31}	2	R/S	4
a_{12}	2	R/S	5
a_{22}	1	R/S	6
a_{32}	1	R/S	7
a_{13}	0	R/S	8
a_{23}	2	R/S	9
a_{33}	1	R/S	10
Ende der Koeffizienteneingabe		B	
			0
„Teil 2" einlesen (Block 1, 2)			2
Programmbeginn „Teil 2"		C	
			0
„Teil 3" einlesen (Block 1, 2)			2
Programmbeginn „Teil 3"		D	
Anzeige von: a'_{11}			−0.25
a'_{21}		R/S	0.75
a'_{31}		R/S	−0.25
a'_{12}		R/S	−0.5
a'_{22}		R/S	0.5
a'_{32}		R/S	0.5
a'_{13}		R/S	1
a'_{23}		R/S	−1
a'_{33}		R/S	0

Es ist also $A^{-1} = \begin{bmatrix} -0.25 & -0.5 & 1 \\ 0.75 & 0.5 & -1 \\ -0.25 & 0.5 & 0 \end{bmatrix}$.

Programm 2.5	**Inversion mit totaler Pivotsuche**

Teil 1

000	76	LBL	019	76	LBL	038	02	02	057	02	02
001	11	A	020	22	INV	039	85	+	058	72	ST*
002	91	R/S	021	43	RCL	040	43	RCL	059	03	03
003	42	STO	022	03	03	041	00	00	060	01	1
004	00	00	023	91	R/S	042	95	=	061	44	SUM
005	91	R/S	024	72	ST*	043	42	STO	062	02	02
006	42	STO	025	02	02	044	03	03	063	44	SUM
007	01	01	026	01	1	045	01	1	064	03	03
008	85	+	027	44	SUM	046	42	STO	065	44	SUM
009	02	2	028	02	02	047	04	04	066	04	04
010	65	×	029	44	SUM	048	43	RCL	067	97	DSZ
011	43	RCL	030	03	03	049	00	00	068	05	05
012	00	00	031	61	GTO	050	42	STO	069	23	LNX
013	95	=	032	22	INV	051	05	05	070	43	RCL
014	42	STO	033	76	LBL	052	76	LBL	071	00	00
015	02	02	034	12	B	053	23	LNX	072	42	STO
016	01	1	035	43	RCL	054	43	RCL	073	02	02
017	42	STO	036	01	01	055	04	04	074	25	CLR
018	03	03	037	42	STO	056	72	ST*	075	91	R/S

Teil 2

000	76	LBL	031	02	02	062	05	05	093	01	01
001	13	C	032	42	STO	063	76	LBL	094	85	+
002	43	RCL	033	09	09	064	32	X⇌T	095	43	RCL
003	01	01	034	76	LBL	065	01	1	096	00	00
004	85	+	035	25	CLR	066	44	SUM	097	65	×
005	43	RCL	036	73	RC*	067	03	03	098	02	2
006	00	00	037	03	03	068	97	DSZ	099	75	-
007	65	×	038	50	I×I	069	09	09	100	43	RCL
008	53	(	039	22	INV	070	25	CLR	101	02	02
009	43	RCL	040	77	GE	071	00	0	102	95	=
010	00	00	041	32	X⇌T	072	67	EQ	103	42	STO
011	85	+	042	32	X⇌T	073	80	GRD	104	03	03
012	03	3	043	43	RCL	074	43	RCL	105	43	RCL
013	75	-	044	00	00	075	00	00	106	01	01
014	43	RCL	045	85	+	076	75	-	107	85	+
015	02	02	046	01	1	077	43	RCL	108	43	RCL
016	54	)	047	75	-	078	02	02	109	00	00
017	75	-	048	43	RCL	079	95	=	110	85	+
018	43	RCL	049	09	09	080	44	SUM	111	43	RCL
019	02	02	050	95	=	081	03	03	112	04	04
020	95	=	051	42	STO	082	97	DSZ	113	75	-
021	42	STO	052	04	04	083	08	08	114	01	1
022	03	03	053	43	RCL	084	24	CE	115	95	=
023	43	RCL	054	00	00	085	43	RCL	116	42	STO
024	02	02	055	85	+	086	00	00	117	06	06
025	42	STO	056	01	1	087	85	+	118	43	RCL
026	08	08	057	75	-	088	01	1	119	03	03
027	29	CP	058	43	RCL	089	95	=	120	32	X⇌T
028	76	LBL	059	08	08	090	42	STO	121	43	RCL
029	24	CE	060	95	=	091	08	08	122	06	06
030	43	RCL	061	42	STO	092	43	RCL	123	67	EQ

```
124  65  ×
125  76  LBL
126  55  ÷
127  73  RC*
128  03  03
129  63  EX*
130  06  06
131  63  EX*
132  03  03
133  43  RCL
134  00  00
135  44  SUM
136  03  03
137  44  SUM
138  06  06
139  97  DSZ
140  08  08
141  55  ÷
142  76  LBL
143  65  ×
144  43  RCL
145  00  00
146  42  STO
147  08  08
148  85  +
149  43  RCL
150  01  01
151  75  -
152  43  RCL
153  02  02
154  95  =
155  42  STO
156  03  03
157  43  RCL
158  01  01
159  85  +
160  43  RCL
161  05  05
162  75  -
163  01  1
164  95  =
165  42  STO
166  04  04
167  43  RCL
168  03  03
169  32  X:T
170  43  RCL
171  04  04
172  67  EQ
173  85  +
174  73  RC*
175  03  03
176  63  EX*
177  04  04
178  63  EX*
179  03  03
180  43  RCL
181  01  01
182  85  +
183  43  RCL
184  00  00
185  65  ×
186  53  (
187  02  2
188  85  +
189  43  RCL
190  00  00
191  75  -
192  43  RCL
193  02  02
194  54  )
195  95  =
196  42  STO
197  03  03
198  43  RCL
199  01  01
200  85  +
201  43  RCL
202  00  00
203  85  +
204  43  RCL
205  00  00
206  65  ×
207  43  RCL
208  05  05
209  95  =
210  42  STO
211  04  04
212  76  LBL
213  34  ΓX
214  73  RC*
215  03  03
216  63  EX*
217  04  04
218  63  EX*
219  03  03
220  01  1
221  44  SUM
222  03  03
223  44  SUM
224  04  04
225  97  DSZ
226  08  08
227  34  ΓX
228  76  LBL
229  85  +
230  43  RCL
231  00  00
232  42  STO
233  05  05
234  65  ×
235  53  (
236  02  2
237  85  +
238  43  RCL
239  00  00
240  75  -
241  43  RCL
242  02  02
243  54  )
244  85  +
245  43  RCL
246  01  01
247  95  =
248  42  STO
249  09  09
250  85  +
251  43  RCL
252  00  00
253  75  -
254  43  RCL
255  02  02
256  95  =
257  42  STO
258  07  07
259  73  RC*
260  07  07
261  42  STO
262  07  07
263  43  RCL
264  02  02
265  75  -
266  43  RCL
267  00  00
268  95  =
269  42  STO
270  03  03
271  29  CP
272  76  LBL
273  35  1/X
274  43  RCL
275  03  03
276  67  EQ
277  42  STO
278  43  RCL
279  00  00
280  42  STO
281  06  06
282  65  ×
283  03  3
284  85  +
285  43  RCL
286  01  01
287  75  -
288  43  RCL
289  02  02
290  95  =
291  42  STO
292  10  10
293  85  +
294  43  RCL
295  02  02
296  75  -
297  43  RCL
298  05  05
299  95  =
300  42  STO
301  08  08
302  43  RCL
303  02  02
304  75  -
305  43  RCL
306  00  00
307  95  =
308  42  STO
309  04  04
310  76  LBL
311  44  SUM
312  43  RCL
313  04  04
314  67  EQ
315  43  RCL
316  73  RC*
317  09  09
318  65  ×
319  73  RC*
320  10  10
321  55  ÷
322  43  RCL
323  07  07
324  95  =
325  22  INV
326  74  SM*
327  08  08
328  76  LBL
329  43  RCL
330  43  RCL
331  00  00
332  44  SUM
333  08  08
334  44  SUM
335  10  10
336  01  1
337  44  SUM
338  04  04
339  97  DSZ
340  06  06
341  44  SUM
342  76  LBL
343  42  STO
344  01  1
345  44  SUM
346  03  03
347  44  SUM
348  09  09
349  97  DSZ
350  05  05
351  35  1/X
352  43  RCL
353  00  00
354  42  STO
355  05  05
356  65  ×
357  03  3
358  75  -
359  43  RCL
360  02  02
361  85  +
362  43  RCL
363  01  01
364  95  =
365  42  STO
366  10  10
367  43  RCL
368  00  00
369  75  -
370  43  RCL
371  02  02
```

```
372  95  =
373  42  STO
374  09  09
375  76  LBL
376  45  Y^X
377  43  RCL
378  09  09
379  67  EQ
380  52  EE
381  43  RCL
382  07  07
383  94  +/-
384  22  INV
385  64  PD*
386  10  10
387  76  LBL
388  52  EE
389  01  1
390  44  SUM
391  09  09
392  43  RCL
393  00  00
394  44  SUM
395  10  10
396  97  DSZ
397  05  05
398  45  Y^X
399  43  RCL
400  00  00
401  42  STO
402  05  05
403  65  ×
404  53  (
405  02  2
406  85  +
407  43  RCL
408  00  00
409  75  -
410  43  RCL
411  02  02
412  54  )
413  85  +
414  43  RCL
415  01  01
416  95  =
417  42  STO
418  09  09
419  43  RCL
420  00  00
421  75  -
422  43  RCL
423  02  02
424  95  =
425  42  STO
426  10  10
427  76  LBL
428  53  (
429  43  RCL
430  10  10
431  67  EQ
432  54  )
433  43  RCL
434  07  07
435  22  INV
436  64  PD*
437  09  09
438  76  LBL
439  54  )
440  01  1
441  44  SUM
442  09  09
443  44  SUM
444  10  10
445  97  DSZ
446  05  05
447  53  (
448  43  RCL
449  01  01
450  85  +
451  43  RCL
452  00  00
453  65  ×
454  53  (
455  03  3
456  85  +
457  43  RCL
458  00  00
459  75  -
460  43  RCL
461  02  02
462  54  )
463  75  -
464  43  RCL
465  02  02
466  95  =
467  42  STO
468  08  08
469  43  RCL
470  07  07
471  35  1/X
472  72  ST*
473  08  08
474  97  DSZ
475  02  02
476  13  C
477  25  CLR
478  91  R/S
```

Teil 3

```
000  76  LBL
001  14  D
002  43  RCL
003  00  00
004  75  -
005  01  1
006  95  =
007  42  STO
008  02  02
009  76  LBL
010  28  LOG
011  43  RCL
012  00  00
013  75  -
014  43  RCL
015  02  02
016  95  =
017  42  STO
018  03  03
019  43  RCL
020  01  01
021  75  -
022  01  1
023  85  +
024  43  RCL
025  03  03
026  95  =
027  42  STO
028  04  04
029  43  RCL
030  02  02
031  85  +
032  01  1
033  95  =
034  42  STO
035  05  05
036  76  LBL
037  29  CP
038  73  RC*
039  04  04
040  75  -
041  43  RCL
042  03  03
043  95  =
044  22  INV
045  67  EQ
046  38  SIN
047  43  RCL
048  02  02
049  85  +
050  01  1
051  75  -
052  43  RCL
053  05  05
054  95  =
055  67  EQ
056  39  COS
057  43  RCL
058  00  00
059  75  -
060  43  RCL
061  02  02
062  85  +
063  43  RCL
064  01  01
065  75  -
066  01  1
067  95  =
068  42  STO
069  06  06
070  73  RC*
071  04  04
072  63  EX*
073  06  06
074  63  EX*
075  04  04
076  02  2
077  65  ×
078  43  RCL
079  00  00
080  95  =
081  44  SUM
082  04  04
083  44  SUM
084  06  06
085  43  RCL
086  00  00
087  42  STO
088  07  07
089  76  LBL
090  30  TAN
091  73  RC*
092  04  04
093  63  EX*
094  06  06
095  63  EX*
096  04  04
097  43  RCL
098  00  00
099  44  SUM
100  04  04
101  44  SUM
102  06  06
103  97  DSZ
104  07  07
105  30  TAN
106  61  GTO
107  39  COS
108  76  LBL
109  38  SIN
110  01  1
111  44  SUM
112  04  04
113  97  DSZ
114  05  05
115  29  CP
```

```
116  76 LBL
117  39 COS
118  97 DSZ
119  02  02
120  28 LOG
121  43 RCL
122  00  00
123  75  -
124  01  1
125  95  =
126  42 STO
127  02  02
128  76 LBL
129  99 PRT
130  43 RCL
131  00  00
132  75  -
133  43 RCL
134  02  02
135  95  =
136  42 STO
137  03  03
138  43 RCL
139  01  01
140  85  +
141  43 RCL
142  00  00
143  75  -
144  01  1
145  85  +
146  43 RCL
147  03  03
148  95  =
149  42 STO
150  04  04
151  43 RCL
152  02  02
153  85  +
154  01  1
155  95  =
156  42 STO
157  05  05
158  76 LBL
159  98 ADV
160  73 RC*
161  04  04
162  75  -
163  43 RCL
164  03  03
165  95  =
166  22 INV
167  67  EQ
168  97 DSZ
169  43 RCL
170  02  02
171  85  +
172  01  1
173  75  -
174  43 RCL
175  05  05
176  95  =
177  67  EQ
178  96 WRT
179  02  2
180  65  ×
181  43 RCL
182  00  00
183  75  -
184  43 RCL
185  02  02
186  85  +
187  43 RCL
188  01  01
189  75  -
190  01  1
191  95  =
192  42 STO
193  06  06
194  73 RC*
195  04  04
196  63 EX*
197  06  06
198  63 EX*
199  04  04
200  43 RCL
201  01  01
202  85  +
203  43 RCL
204  00  00
205  85  +
206  43 RCL
207  03  03
208  65  ×
209  43 RCL
210  00  00
211  95  =
212  42 STO
213  04  04
214  85  +
215  53  (
216  43 RCL
217  02  02
218  75  -
219  43 RCL
220  05  05
221  85  +
222  01  1
223  54  )
224  65  ×
225  43 RCL
226  00  00
227  95  =
228  42 STO
229  06  06
230  43 RCL
231  00  00
232  42 STO
233  07  07
234  76 LBL
235  90 LST
236  73 RC*
237  04  04
238  63 EX*
239  06  06
240  63 EX*
241  04  04
242  01  1
243  44 SUM
244  04  04
245  44 SUM
246  06  06
247  97 DSZ
248  07  07
249  90 LST
250  61 GTO
251  96 WRT
252  76 LBL
253  97 DSZ
254  01  1
255  44 SUM
256  04  04
257  97 DSZ
258  05  05
259  98 ADV
260  76 LBL
261  96 WRT
262  97 DSZ
263  02  02
264  99 PRT
265  43 RCL
266  00  00
267  33 X²
268  42 STO
269  02  02
270  43 RCL
271  01  01
272  85  +
273  02  2
274  65  ×
275  43 RCL
276  00  00
277  95  =
278  42 STO
279  03  03
280  76 LBL
281  80 GRD
282  73 RC*
283  03  03
284  91 R/S
285  01  1
286  44 SUM
287  03  03
288  97 DSZ
289  02  02
290  80 GRD
291  91 R/S
```

2.6 Die Cholesky-Zerlegung

Eine reguläre, symmetrische, positiv-definite n,n-Matrix A läßt sich zerlegen in $A = C^T C$, wobei C eine rechte obere Dreiecksmatrix ist. Wie die LR-Zerlegung verwendet man auch die Cholesky-Zerlegung zur Lösung linearer Gleichungssysteme $A\mathbf{x} = \mathbf{a}$. Wegen der Symmetrie braucht man die Elemente von A unter der Hauptdiagonalen nicht abzuspeichern; eingegeben wird nur der in der Skizze schraffierte Teil der Matrix [A, **a**].

Das Programm wurde in zwei Teile zerlegt und gestattet so die Lösung linearer Gleichungssysteme bis zur Ordnung n = 8, bei Änderung der Speicherbereichsverteilung auf 70 Datenspeicher mittels der Tastenfolge 7 2nd Op 17 sogar der Ordnung n = 9.

Programminstruktionen

	Verfahren	Eingabe	Taste	Anzeige
1	„Teil 1" einlesen (Block 1, 2)			2
2	Programmbeginn „Teil 1"		A	2
3	Eingabe der Nummer des ersten zu belegenden Speicherplatzes $k \geq 11$	k	R/S	1
4	Eingabe der Elemente von A oberhalb und einschließlich der Hauptdiagonalen spaltenweise, anschließend Eingabe der Elemente von a	a_{11}	R/S	2
		a_{12}	R/S	3
		a_{22}	R/S	4
		a_{13}	R/S	5
		⋮	⋮	⋮
		a_{nn}	R/S	$\frac{n^2+n+2}{2}$
		a_1	R/S	$\frac{n^2+n+4}{2}$
		⋮	⋮	⋮
		a_n	R/S	$\frac{n^2+3n+2}{2}$
5	Ende der Koeffizienteneingabe		B	0
6	Eingabe von n und k	n	R/S	0
		k	R/S	
				0
7	„Teil 2" einlesen (Block 1, 2)			2
8	Programmbeginn „Teil 2"		C	
9	Ergebnisanzeige			x_1
			R/S	x_2
			⋮	⋮
			R/S	x_n
10	Eingabe einer neuen „rechten Seite" a'		A'	1
		a'_1	R/S	2
		⋮	⋮	⋮
		a'_n	R/S	n+1
11	Ende der Koeffizienteneingabe		C	
12	Ergebnisanzeige			x'_1
			R/S	x'_2
			⋮	⋮
			R/S	x'_n

Registerinhalte

$R_{00}, \ldots, R_{10}$: Programmzeiger

$R_k, \ldots, R_{k+\frac{n(n+1)}{2}-1}$: $a_{11}, a_{12}, a_{22}, a_{13}, \ldots, a_{nn}$

$R_{k+\frac{n(n+1)}{2}}, \ldots, R_{k+\frac{n(n+3)}{2}-1}$: $a_1, \ldots, a_n$

Bemerkung

Ist eine Cholesky-Zerlegung von A nicht möglich, so hält das Programm und der Rechner zeigt dies durch eine blinkende Anzeige an.

Beispiel

Gesucht ist die Lösung der linearen Gleichungssysteme $A\mathbf{x} = \mathbf{a}$ und $A\mathbf{x} = \mathbf{a}'$ mit

$$A = \begin{bmatrix} 2 & 1 & 0 \\ 1 & 4 & 1 \\ 0 & 1 & 2 \end{bmatrix}, \qquad \mathbf{a} = \begin{bmatrix} 5 \\ 9 \\ 7 \end{bmatrix}, \qquad \mathbf{a}' = \begin{bmatrix} 1 \\ -1 \\ 3 \end{bmatrix}.$$

Anmerkungen	Eingabe	Taste	Anzeige
„Teil 1" einlesen (Block 1, 2)			2
Programmbeginn „Teil 1"		A	2
Eingabe von: k	11	R/S	1
a_{11}	2	R/S	2
a_{12}	1	R/S	3
a_{22}	4	R/S	4
a_{13}	0	R/S	5
a_{23}	1	R/S	6
a_{33}	2	R/S	7
a_1	5	R/S	8
a_2	9	R/S	9
a_3	7	R/S	10
Ende der Koeffizienteneingabe		B	0
Eingabe von: n	3	R/S	0
k	11	R/S	
			0
„Teil 2" einlesen (Block 1, 2)			2
Programmbeginn „Teil 2"		C	
Anzeige von: x_1			2
x_2		R/S	1
x_3		R/S	3
neue „rechte Seite" $\mathbf{a}'$		A'	1

Anmerkungen	Eingabe	Taste	Anzeige
Eingabe von: a'_1	1	R/S	2
a'_2	–1	R/S	3
a'_3	3	R/S	4
Ende der Koeffizienteneingabe		C	
Anzeige von: x'_1			1
x'_2		R/S	–1
x'_3		R/S	2

Programm 2.6	**Die Cholesky-Zerlegung**

Teil 1

```
000  76 LBL
001  11  A
002  29 CP
003  91 R/S
004  42 STO
005  02  02
006  01  1
007  42 STO
008  03  03
009  43 RCL
010  03  03
011  91 R/S
012  72 ST*
013  02  02
014  01  1
015  44 SUM
016  03  03
017  44 SUM
018  02  02
019  61 GTO
020  00  00
021  09  09
022  76 LBL
023  12  B
024  25 CLR
025  91 R/S
026  42 STO
027  00  00
028  75  -
029  01  1
030  95  =
031  42 STO
032  09  09
033  75  -
034  01  1
035  95  =
036  42 STO
037  07  07
038  25 CLR
039  91 R/S
040  42 STO
041  01  01
042  42 STO
043  02  02
044  85  +
045  01  1
046  95  =
047  42 STO
048  03  03
049  73 RC*
050  02  02
051  22 INV
052  77  GE
053  99 PRT
054  67  EQ
055  99 PRT
056  34 ΓX
057  72 ST*
058  02  02
059  76 LBL
060  22 INV
061  73 RC*
062  02  02
063  22 INV
064  64 PD*
065  03  03
066  43 RCL
067  00  00
068  85  +
069  01  1
070  75  -
071  43 RCL
072  09  09
073  95  =
074  44 SUM
075  03  03
076  97 DSZ
077  09  09
078  22 INV
079  43 RCL
080  01  01
081  85  +
082  01  1
083  95  =
084  42 STO
085  03  03
086  85  +
087  01  1
088  95  =
089  42 STO
090  02  02
091  73 RC*
092  03  03
093  33 X²
094  22 INV
095  74 SM*
096  02  02
097  73 RC*
098  02  02
099  34 ΓX
100  72 ST*
101  02  02
102  02  2
103  44 SUM
104  02  02
105  76 LBL
106  23 LNX
107  43 RCL
108  00  00
109  75  -
110  43 RCL
111  07  07
112  75  -
113  01  1
114  95  =
115  42 STO
116  08  08
117  53  (
118  43 RCL
119  00  00
120  75  -
121  43 RCL
122  07  07
123  54  )
124  65  ×
125  53  (
126  43 RCL
127  00  00
128  75  -
129  43 RCL
130  07  07
131  85  +
132  01  1
133  54  )
134  55  ÷
135  02  2
136  85  +
137  43 RCL
138  01  01
139  95  =
140  42 STO
141  04  04
142  43 RCL
143  01  01
144  85  +
145  02  2
146  95  =
147  42 STO
148  05  05
149  01  1
150  42 STO
151  10  10
152  76 LBL
153  24 CE
154  43 RCL
155  10  10
```

```
156  42 STO
157  09  09
158  76 LBL
159  25 CLR
160  73 RC*
161  03  03
162  65  ×
163  73 RC*
164  04  04
165  95  =
166  22 INV
167  74 SM*
168  02  02
169  01  1
170  44 SUM
171  03  03
172  44 SUM
173  04  04
174  97 DSZ
175  09  09
176  25 CLR
177  73 RC*
178  05  05
179  67  EQ
180  99 PRT
181  22 INV
182  64 PD*
183  02  02
184  43 RCL
185  10  10
186  22 INV
187  44 SUM
188  04  04
189  01  1
190  44 SUM
191  10  10
192  44 SUM
193  02  02
194  44 SUM
195  03  03
196  43 RCL
197  10  10
198  85  +
199  01  1
200  95  =
201  44 SUM
202  05  05
203  97 DSZ
204  08  08
205  24 CE
206  43 RCL
207  00  00
208  75  -
209  43 RCL
210  07  07
211  95  =
212  42 STO
213  09  09
214  76 LBL
215  32 X:T
216  73 RC*
217  04  04
218  33 X²
219  22 INV
220  74 SM*
221  02  02
222  01  1
223  44 SUM
224  04  04
225  97 DSZ
226  09  09
227  32 X:T
228  73 RC*
229  02  02
230  22 INV
231  77  GE
232  99 PRT
233  34 ΓX
234  72 ST*
235  02  02
236  02  2
237  44 SUM
238  04  04
239  44 SUM
240  02  02
241  43 RCL
242  01  01
243  85  +
244  01  1
245  95  =
246  42 STO
247  03  03
248  97 DSZ
249  07  07
250  23 LNX
251  25 CLR
252  91 R/S
```

Teil 2

```
000  76 LBL
001  13  C
002  43 RCL
003  01  01
004  42 STO
005  03  03
006  85  +
007  43 RCL
008  00  00
009  65  ×
010  53  (
011  43 RCL
012  00  00
013  85  +
014  01  1
015  54  )
016  55  ÷
017  02  2
018  95  =
019  42 STO
020  04  04
021  85  +
022  01  1
023  95  =
024  42 STO
025  05  05
026  73 RC*
027  03  03
028  67  EQ
029  99 PRT
030  22 INV
031  64 PD*
032  04  04
033  01  1
034  44 SUM
035  03  03
036  43 RCL
037  00  00
038  75  -
039  01  1
040  95  =
041  42 STO
042  08  08
043  76 LBL
044  14  D
045  43 RCL
046  00  00
047  75  -
048  43 RCL
049  08  08
050  95  =
051  42 STO
052  09  09
053  76 LBL
054  15  E
055  73 RC*
056  03  03
057  65  ×
058  73 RC*
059  04  04
060  95  =
061  22 INV
062  74 SM*
063  05  05
064  01  1
065  44 SUM
066  03  03
067  44 SUM
068  04  04
069  97 DSZ
070  09  09
071  15  E
072  73 RC*
073  03  03
074  67  EQ
075  99 PRT
076  22 INV
077  64 PD*
078  05  05
079  01  1
080  44 SUM
081  03  03
082  43 RCL
083  01  01
084  85  +
085  43 RCL
086  00  00
087  65  ×
088  53  (
089  43 RCL
090  00  00
091  85  +
092  01  1
093  54  )
094  55  ÷
095  02  2
096  95  =
097  42 STO
098  04  04
099  01  1
100  44 SUM
101  05  05
102  97 DSZ
103  08  08
104  14  D
105  43 RCL
106  01  01
107  85  +
108  43 RCL
109  00  00
110  65  ×
111  53  (
112  43 RCL
113  00  00
114  85  +
115  01  1
116  54  )
117  55  ÷
118  02  2
119  75  -
```

```
120  01  1
121  95  =
122  42  STO
123  03  03
124  85  +
125  43  RCL
126  00  00
127  95  =
128  42  STO
129  04  04
130  75  -
131  01  1
132  95  =
133  42  STO
134  05  05
135  73  RC*
136  03  03
137  67  EQ
138  99  PRT
139  22  INV
140  64  PD*
141  04  04
142  01  1
143  22  INV
144  44  SUM
145  03  03
146  43  RCL
147  00  00
148  75  -
149  01  1
150  95  =
151  42  STO
152  08  08
153  76  LBL
154  10  E'
155  43  RCL
156  00  00
157  75  -
158  43  RCL
159  08  08
160  95  =
161  42  STO
162  09  09
163  43  RCL
164  00  00
165  75  -
166  01  1
167  95  =
168  42  STO
169  06  06
170  76  LBL
171  19  D'
172  73  RC*
173  03  03
174  65  ×
175  73  RC*
176  04  04
177  95  =
178  22  INV
179  74  SM*
180  05  05
181  43  RCL
182  06  06
183  22  INV
184  44  SUM
185  03  03
186  01  1
187  94  +/-
188  44  SUM
189  06  06
190  44  SUM
191  04  04
192  97  DSZ
193  09  09
194  19  D'
195  73  RC*
196  03  03
197  67  EQ
198  99  PRT
199  22  INV
200  64  PD*
201  05  05
202  53  (
203  43  RCL
204  00  00
205  65  ×
206  53  (
207  43  RCL
208  00  00
209  75  -
210  01  1
211  54  )
212  75  -
213  43  RCL
214  08  08
215  65  ×
216  53  (
217  43  RCL
218  08  08
219  75  -
220  01  1
221  54  )
222  54  )
223  55  ÷
224  02  2
225  75  -
226  01  1
227  95  =
228  44  SUM
229  03  03
230  43  RCL
231  01  01
232  85  +
233  43  RCL
234  00  00
235  65  ×
236  53  (
237  43  RCL
238  00  00
239  85  +
240  01  1
241  54  )
242  55  ÷
243  02  2
244  75  -
245  01  1
246  85  +
247  43  RCL
248  00  00
249  95  =
250  42  STO
251  04  04
252  01  1
253  22  INV
254  44  SUM
255  05  05
256  97  DSZ
257  08  08
258  10  E'
259  43  RCL
260  01  01
261  85  +
262  43  RCL
263  00  00
264  65  ×
265  53  (
266  43  RCL
267  00  00
268  85  +
269  01  1
270  54  )
271  55  ÷
272  02  2
273  95  =
274  42  STO
275  02  02
276  43  RCL
277  00  00
278  42  STO
279  09  09
280  76  LBL
281  33  X²
282  73  RC*
283  02  02
284  91  R/S
285  01  1
286  44  SUM
287  02  02
288  97  DSZ
289  09  09
290  33  X²
291  91  R/S
292  76  LBL
293  16  A'
294  43  RCL
295  01  01
296  85  +
297  43  RCL
298  00  00
299  65  ×
300  53  (
301  43  RCL
302  00  00
303  85  +
304  01  1
305  54  )
306  55  ÷
307  02  2
308  95  =
309  42  STO
310  02  02
311  01  1
312  42  STO
313  03  03
314  76  LBL
315  34  ΓX
316  43  RCL
317  03  03
318  91  R/S
319  72  ST*
320  02  02
321  01  1
322  44  SUM
323  02  02
324  44  SUM
325  03  03
326  61  GTO
327  34  ΓX
```

2.7 Die QR-Zerlegung und vermittelndes Ausgleichen

Die QR-Zerlegung nach Householder führt eine n,m-Matrix A mit $n \geq m$ und rang $A = m$ durch Multiplikation mit einer orthonormalen Matrix Q in eine rechte obere Dreiecksmatrix R über. Der Algorithmus ist numerisch besonders günstig bei linearen Gleichungssystemen $A\mathbf{x} = \mathbf{a}$, deren Koeffizientenmatrix A schlecht konditioniert ist (d.h. deren Zeilen bzw. Spalten nahezu linear abhängig sind). Außerdem liefert die QR-Zerlegung die Lösung überbestimmter linearer Gleichungssysteme $A\mathbf{x} = \mathbf{a}$, A n,m-Matrix, $n > m$, nach der Gaußschen Methode der kleinsten Quadrate (vermittelndes Ausgleichen).

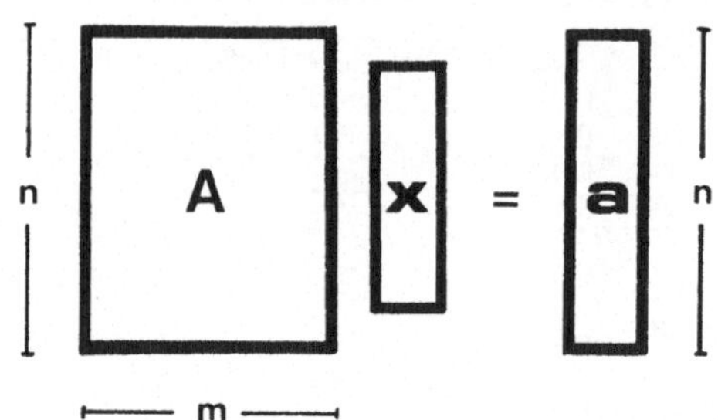

Das Programm wurde in zwei Teile zerlegt. In der folgenden Tabelle sind die bei normaler Speicherbereichsverteilung zulässigen Matrizenformate mit „+" markiert; ändert man die Speicherbereichsverteilung mittels der Tastenfolge 8 2nd Op 17 auf 80 Datenspeicher, so sind auch die mit „o" gekennzeichneten Matrizenformate zulässig.

m \ n	2	3	4	5	6	7	8	9	10	11	12	13	14	15	16	17	18	19	20
2	+	+	+	+	+	+	+	+	+	+	+	+	+	+	+	o	o	o	o
3		+	+	+	+	+	+	+	+	o	o	o	o	o					
4			+	+	+	+	+	o	o	o	o								
5				+	+	o	o	o	o										
6					o	o	o												
7						o													

Programminstruktionen

	Verfahren	Eingabe	Taste	Anzeige
1	„Teil 1" einlesen (Block 1, 2)			2
2	Programmbeginn „Teil 1"		A	2
3	Eingabe der Nummer des ersten zu belegenden Speicherplatzes $k \geq 14$	k	R/S	1

	Verfahren	Eingabe	Taste	Anzeige
4	Eingabe der Matrix [A, a] spaltenweise	a_{11}	R/S	2
		a_{21}	R/S	3
		⋮	⋮	⋮
		a_{nm}	R/S	mn+1
		a_1	R/S	mn+2
		⋮	⋮	⋮
		a_n	R/S	mn+n+1
5	Ende der Koeffizienteneingabe		B	0
6	Eingabe von n, m, k	n	R/S	n
		m	R/S	m
		k	R/S	
				0
7	„Teil 2" einlesen (Block 1)			1
8	Programmbeginn „Teil 2"		C	
9	Ergebnisanzeige			x_1
			R/S	x_2
			⋮	⋮
			R/S	x_m

Registerinhalte

$R_{00}, \ldots, R_{13}$: Programmzeiger
$R_k, \ldots, R_{k+mn-1}$: $a_{11}, \ldots, a_{nm}$
$R_{k+mn}, \ldots, R_{k+mn+n-1}$: $a_1, \ldots, a_n$
$R_{k+mn+n}, \ldots, R_{k+mn+n+m-1}$: $s_1, \ldots, s_m$

Bemerkung

Die $s_1, \ldots, s_m$ sind Koeffizienten, die bei der Berechnung von $R = Q^T A$ auftauchen.

Beispiele

1. Gesucht ist die Lösung des linearen Gleichungssystems $A\mathbf{x} = \mathbf{a}$ mit der nahezu singulären Matrix

$$A = \begin{bmatrix} 1 & 1.1 & 1.1 \\ 1 & 0.9 & 0.9 \\ 0 & -0.1 & 0.2 \end{bmatrix} \quad \text{und} \quad \mathbf{a} = \begin{bmatrix} 1 \\ 1 \\ 0.3 \end{bmatrix}$$

Anmerkungen		Eingabe	Taste	Anzeige
„Teil 1" einlesen (Block 1, 2)				2
Programmbeginn „Teil 1"			A	2
Eingabe von:	k	14	R/S	1
	a_{11}	1	R/S	2
	a_{21}	1	R/S	3
	a_{31}	0	R/S	4
	a_{12}	1.1	R/S	5
	a_{22}	0.9	R/S	6
	a_{32}	–0.1	R/S	7
	a_{13}	1.1	R/S	8
	a_{23}	0.9	R/S	9
	a_{33}	0.2	R/S	10
	a_1	1	R/S	11
	a_2	1	R/S	12
	a_3	0.3	R/S	13
Ende der Koeffizienteneingabe			B	0
Eingabe von:	n	3	R/S	3
	m	3	R/S	3
	k	14	R/S	
				0
„Teil 2" einlesen (Block 1)				1
Programmbeginn „Teil 2"			C	
Anzeige von:	x_1			1
	x_2		R/S	–1
	x_3		R/S	1

2. Es soll eine Parabel $y = c_0 + c_1 t + c_2 t^2$ durch die vier Punkte der Tabelle

t	–1	0	1	2
y	2	1	2	3

gelegt werden. Durch Einsetzen der Punkte in die Parabelgleichung erhält man das überbestimmte lineare Gleichungssystem

$$\begin{bmatrix} 1 & -1 & 1 \\ 1 & 0 & 0 \\ 1 & 1 & 1 \\ 1 & 2 & 4 \end{bmatrix} \begin{bmatrix} c_0 \\ c_1 \\ c_2 \end{bmatrix} = \begin{bmatrix} 2 \\ 1 \\ 2 \\ 3 \end{bmatrix}$$

Anmerkungen		Eingabe	Taste	Anzeige
„Teil 1" einlesen (Block 1, 2)				2
Programmbeginn „Teil 1"			A	2
Eingabe von:	k	14	R/S	1
	a_{11}	1	R/S	2
	a_{21}	1	R/S	3
	a_{31}	1	R/S	4
	a_{41}	1	R/S	5
	a_{12}	−1	R/S	6
	a_{22}	0	R/S	7
	a_{32}	1	R/S	8
	a_{42}	2	R/S	9
	a_{13}	1	R/S	10
	a_{23}	0	R/S	11
	a_{33}	1	R/S	12
	a_{43}	4	R/S	13
	a_1	2	R/S	14
	a_2	1	R/S	15
	a_3	2	R/S	16
	a_4	3	R/S	17
Ende der Koeffizienteneingabe			B	0
Eingabe von:	n	4	R/S	4
	m	3	R/S	3
	k	14	R/S	
				0
„Teil 2" einlesen (Block 1)				1
Programmbeginn „Teil 2"			C	
Anzeige von:	c_0			1.3
	c_1		R/S	−0.1
	c_2		R/S	0.5

Die gesuchte Ausgleichsparabel ist also

$$y = 1.3 - 0.1 \cdot t + 0.5 \cdot t^2 .$$

Programm 2.7	**Die QR-Zerlegung**

Teil 1

```
000  76  LBL
001  11   A
002  29  CP
003  91  R/S
004  42  STO
005  00   00
006  01   1
007  42  STO
008  01   01
009  43  RCL
010  01   01
011  91  R/S
012  72  ST*
013  00   00
014  01   1
015  44  SUM
016  00   00
017  44  SUM
018  01   01
019  61  GTO
020  00   00
021  08   08
022  76  LBL
023  12   B
024  25  CLR
025  91  R/S
026  42  STO
027  00   00
028  42  STO
029  10   10
030  91  R/S
031  42  STO
032  01   01
033  91  R/S
034  42  STO
035  02   02
036  42  STO
037  05   05
038  43  RCL
039  01   01
040  42  STO
041  07   07
042  75   -
043  43  RCL
044  00   00
045  95   =
046  22  INV
047  67   EQ
048  33  X²
049  01   1
050  22  INV
051  44  SUM
052  07   07
053  76  LBL
054  33  X²
055  43  RCL
056  05   05
057  42  STO
058  04   04
059  43  RCL
060  10   10
061  42  STO
062  09   09
063  76  LBL
064  14   D
065  73  RC*
066  04   04
067  33  X²
068  44  SUM
069  11   11
070  01   1
071  44  SUM
072  04   04
073  97  DSZ
074  09   09
075  14   D
076  43  RCL
077  11   11
078  34  ΓX
079  42  STO
080  12   12
081  73  RC*
082  05   05
083  22  INV
084  77   GE
085  15   E
086  43  RCL
087  12   12
088  94  +/-
089  42  STO
090  12   12
091  76  LBL
092  15   E
093  43  RCL
094  11   11
095  75   -
096  73  RC*
097  05   05
098  65   ×
099  43  RCL
100  12   12
101  95   =
102  42  STO
103  13   13
104  43  RCL
105  12   12
106  22  INV
107  74  SM*
108  05   05
109  43  RCL
110  01   01
111  75   -
112  43  RCL
113  00   00
114  85   +
115  43  RCL
116  10   10
117  95   =
118  42  STO
119  08   08
120  43  RCL
121  05   05
122  42  STO
123  03   03
124  85   +
125  43  RCL
126  00   00
127  95   =
128  42  STO
129  04   04
130  43  RCL
131  02   02
132  85   +
133  43  RCL
134  00   00
135  65   ×
136  53   (
137  43  RCL
138  01   01
139  85   +
140  01   1
141  54   )
142  95   =
143  42  STO
144  06   06
145  76  LBL
146  10  E'
147  43  RCL
148  10   10
149  42  STO
150  09   09
151  00   0
152  72  ST*
153  06   06
154  76  LBL
155  19  D'
156  73  RC*
157  03   03
158  65   ×
159  73  RC*
160  04   04
161  95   =
162  74  SM*
163  06   06
164  01   1
165  44  SUM
166  03   03
167  44  SUM
168  04   04
169  97  DSZ
170  09   09
171  19  D'
172  43  RCL
173  13   13
174  67   EQ
175  99  PRT
176  22  INV
177  64  PD*
178  06   06
179  43  RCL
180  10   10
181  22  INV
182  44  SUM
183  03   03
184  01   1
185  44  SUM
186  06   06
187  43  RCL
188  00   00
189  75   -
190  43  RCL
191  10   10
192  95   =
193  44  SUM
194  04   04
195  97  DSZ
196  08   08
197  10  E'
198  43  RCL
199  01   01
200  75   -
201  43  RCL
202  00   00
203  85   +
204  43  RCL
205  10   10
206  95   =
207  42  STO
208  08   08
209  43  RCL
210  05   05
211  42  STO
212  04   04
213  85   +
214  43  RCL
215  00   00
216  95   =
217  42  STO
218  03   03
219  43  RCL
220  02   02
221  85   +
222  43  RCL
223  00   00
```

```
224  65   ×
225  53   (
226  43  RCL
227  01   01
228  85   +
229  01   1
230  54   )
231  95   =
232  42  STO
233  06   06
234  76  LBL
235  18  C'
236  43  RCL
237  10   10
238  42  STO
239  09   09
240  76  LBL
241  17  B'
242  73  RC*
243  06   06
244  65   ×
245  73  RC*
246  04   04
247  95   =
248  22  INV
249  74  SM*
250  03   03
251  01   1
252  44  SUM
253  04   04
254  44  SUM
255  03   03
256  97  DSZ
257  09   09
258  17  B'
259  43  RCL
260  10   10
261  22  INV
262  44  SUM
263  04   04
264  43  RCL
265  00   00
266  75   -
267  43  RCL
268  10   10
269  95   =
270  44  SUM
271  03   03
272  01   1
273  44  SUM
274  06   06
275  97  DSZ
276  08   08
277  18  C'
278  00   0
279  42  STO
280  11   11
281  43  RCL
282  12   12
283  72  ST*
284  05   05
285  43  RCL
286  00   00
287  85   +
288  01   1
289  95   =
290  44  SUM
291  05   05
292  01   1
293  22  INV
294  44  SUM
295  10   10
296  97  DSZ
297  07   07
298  33  X²
299  25  CLR
300  91  R/S
```

Teil 2

```
000  76  LBL
001  13   C
002  43  RCL
003  02   02
004  85   +
005  53   (
006  43  RCL
007  01   01
008  75   -
009  01   1
010  54   )
011  65   ×
012  53   (
013  43  RCL
014  00   00
015  85   +
016  01   1
017  54   )
018  95   =
019  42  STO
020  03   03
021  85   +
022  43  RCL
023  00   00
024  95   =
025  42  STO
026  04   04
027  73  RC*
028  03   03
029  22  INV
030  64  PD*
031  04   04
032  01   1
033  22  INV
034  44  SUM
035  03   03
036  43  RCL
037  04   04
038  75   -
039  01   1
040  95   =
041  42  STO
042  05   05
043  43  RCL
044  01   01
045  75   -
046  01   1
047  95   =
048  42  STO
049  09   09
050  76  LBL
051  23  LNX
052  43  RCL
053  01   01
054  75   -
055  43  RCL
056  09   09
057  95   =
058  42  STO
059  08   08
060  76  LBL
061  22  INV
062  73  RC*
063  03   03
064  65   ×
065  73  RC*
066  04   04
067  95   =
068  22  INV
069  74  SM*
070  05   05
071  01   1
072  22  INV
073  44  SUM
074  04   04
075  43  RCL
076  00   00
077  22  INV
078  44  SUM
079  03   03
080  97  DSZ
081  08   08
082  22  INV
083  73  RC*
084  03   03
085  22  INV
086  64  PD*
087  05   05
088  43  RCL
089  01   01
090  75   -
091  43  RCL
092  09   09
093  95   =
094  44  SUM
095  04   04
096  65   ×
097  43  RCL
098  00   00
099  75   -
100  01   1
101  95   =
102  44  SUM
103  03   03
104  01   1
105  22  INV
106  44  SUM
107  05   05
108  97  DSZ
109  09   09
110  23  LNX
111  43  RCL
112  01   01
113  42  STO
114  08   08
115  43  RCL
116  02   02
117  85   +
118  43  RCL
119  01   01
120  65   ×
121  43  RCL
122  00   00
123  95   =
124  42  STO
125  03   03
126  76  LBL
127  24  CE
128  73  RC*
129  03   03
130  91  R/S
131  01   1
132  44  SUM
133  03   03
134  97  DSZ
135  08   08
136  24  CE
137  91  R/S
```

2.8 Zyklische Relaxation

Zu einem linearen Gleichungssystem $A\mathbf{x} = \mathbf{a}$ (A n,n-Matrix) sei eine Näherungslösung $\mathbf{p}$ mit dem Residuum

$$\mathbf{r} := A\mathbf{p} - \mathbf{a} \neq \mathbf{0}$$

gegeben. Die Idee der Koordinatenrelaxation besteht darin, eine Komponente p_j der Näherungslösung $\mathbf{p}$ so zu ändern, daß die zugehörige Komponente r_j des Residuums $\mathbf{r}$ zu Null wird. Bei diesem Algorithmus werden alle Koordinaten p_j der Reihe nach so oft abgearbeitet, bis die Tschebyscheff-Norm des Residuums $\|\mathbf{r}\|_\infty$ eine vorgegebene Toleranz $\sigma > 0$ unterschreitet.

Das Programm bearbeitet lineare Gleichungssysteme bis zur Ordnung n = 5, bei Änderung der Speicherbereichsverteilung auf 80 Datenspeicher mittels der Tastenfolge 8 2nd Op 17 bis zur Ordnung n = 7.

Programminstruktionen

	Verfahren	Eingabe	Taste	Anzeige
1	Magnetkarte einlesen (Block 1, 2)			2
2	Programmbeginn		A	2
3	Eingabe der Nummer des ersten zu belegenden Speicherplatzes $k \geq 10$	k	R/S	1
4	Eingabe der Matrix [A, **a**, **p**] spaltenweise	a_{11}	R/S	2
		a_{21}	R/S	3
		⋮	⋮	⋮
		a_{nn}	R/S	n^2+1
		a_1	R/S	n^2+2
		⋮	⋮	⋮
		a_n	R/S	n^2+n+1
		p_1	R/S	n^2+n+2
		⋮	⋮	⋮
		p_n	R/S	n^2+2n+1
5	Ende der Koeffizienteneingabe		B	0
6	Eingabe von σ, n, k	σ	R/S	0
		n	R/S	0
		k	R/S	
7	Ergebnisanzeige			$\bar{x}_1$
			R/S	$\bar{x}_2$
			⋮	⋮
			R/S	$\bar{x}_n$

Registerinhalte

$R_{00}, \ldots, R_{09}$: Programmzeiger
$R_k, \ldots, R_{k+n^2-1}$: $a_{11}, \ldots, a_{nn}$
$R_{k+n^2}, \ldots, R_{k+n^2+n-1}$: $a_1, \ldots, a_n$
$R_{k+n^2+n}, \ldots, R_{k+n^2+2n-1}$: $p_1, \ldots, p_n$
$R_{k+n^2+2n}, \ldots, R_{k+n^2+3n-1}$: $r_1, \ldots, r_n$

Beispiel

Zu dem linearen Gleichungssystem $\mathbf{Ax} = \mathbf{a}$ mit $A = \begin{bmatrix} 2 & 1 & 0 \\ 1 & 4 & 1 \\ 0 & 1 & 2 \end{bmatrix}$ und $\mathbf{a} = \begin{bmatrix} 2 \\ 8 \\ 2 \end{bmatrix}$ sei die Näherungslösung $\mathbf{p} = \begin{bmatrix} 0.5 \\ 1.2 \\ -0.7 \end{bmatrix}$ gegeben. Gesucht ist eine verbesserte Näherung $\overline{\mathbf{x}}$ mit

$\|\mathbf{r}\|_\infty = \|A\overline{\mathbf{x}} - \mathbf{a}\|_\infty < 0.01$.

Anmerkungen	Eingabe	Taste	Anzeige
Magnetkarte einlesen (Block 1, 2)			2
Programmbeginn		A	2
Eingabe von: k	10	R/S	1
a_{11}	2	R/S	2
a_{21}	1	R/S	3
a_{31}	0	R/S	4
a_{12}	1	R/S	5
a_{22}	4	R/S	6
a_{32}	1	R/S	7
a_{13}	0	R/S	8
a_{23}	1	R/S	9
a_{33}	2	R/S	10
a_1	2	R/S	11
a_2	8	R/S	12
a_3	2	R/S	13
p_1	0.5	R/S	14
p_2	1.2	R/S	15
p_3	-0.7	R/S	16
Ende der Koeffizienteneingabe		B	0
Eingabe von: σ	0.01	R/S	0
n	3	R/S	0
k	10	R/S	
Anzeige von: $\overline{x}_1$			-0.00234375
$\overline{x}_2$		R/S	2.001171875
$\overline{x}_3$		R/S	-.0005859375

Die exakte Lösung ist $\mathbf{x} = \begin{bmatrix} 0 \\ 2 \\ 0 \end{bmatrix}$.

Programm 2.8	Zyklische Relaxation

```
000  76 LBL
001  11  A
002  91 R/S
003  42 STO
004  02  02
005  01  1
006  42 STO
007  03  03
008  43 RCL
009  03  03
010  91 R/S
011  72 ST*
012  02  02
013  01  1
014  44 SUM
015  02  02
016  44 SUM
017  03  03
018  61 GTO
019  00  00
020  08  08
021  76 LBL
022  12  B
023  25 CLR
024  29 CP
025  91 R/S
026  32 X:T
027  25 CLR
028  91 R/S
029  42 STO
030  00  00
031  42 STO
032  08  08
033  42 STO
034  09  09
035  25 CLR
036  91 R/S
037  42 STO
038  01  01
039  42 STO
040  02  02
041  85  +
042  43 RCL
043  00  00
044  33 X²
045  85  +
046  43 RCL
047  00  00
048  95  =
049  42 STO
050  03  03
051  85  +
052  43 RCL
053  00  00
054  95  =
055  42 STO
056  04  04
057  76 LBL
058  13  C
059  43 RCL
060  00  00
061  42 STO
062  09  09
063  76 LBL
064  14  D
065  73 RC*
066  02  02
067  65  ×
068  73 RC*
069  03  03
070  95  =
071  74 SM*
072  04  04
073  43 RCL
074  00  00
075  44 SUM
076  02  02
077  01  1
078  44 SUM
079  03  03
080  97 DSZ
081  09  09
082  14  D
083  43 RCL
084  00  00
085  22 INV
086  44 SUM
087  03  03
088  65  ×
089  43 RCL
090  00  00
091  75  -
092  01  1
093  95  =
094  22 INV
095  44 SUM
096  02  02
097  01  1
098  44 SUM
099  04  04
100  97 DSZ
101  08  08
102  13  C
103  43 RCL
104  00  00
105  42 STO
106  09  09
107  33 X²
108  85  +
109  43 RCL
110  01  01
111  95  =
112  42 STO
113  03  03
114  85  +
115  02  2
116  65  ×
117  43 RCL
118  00  00
119  95  =
120  42 STO
121  04  04
122  76 LBL
123  15  E
124  73 RC*
125  03  03
126  22 INV
127  74 SM*
128  04  04
129  01  1
130  44 SUM
131  03  03
132  44 SUM
133  04  04
134  97 DSZ
135  09  09
136  15  E
137  76 LBL
138  10 E'
139  43 RCL
140  01  01
141  42 STO
142  02  02
143  42 STO
144  03  03
145  85  +
146  43 RCL
147  00  00
148  33 X²
149  85  +
150  43 RCL
151  00  00
152  95  =
153  42 STO
154  04  04
155  85  +
156  43 RCL
157  00  00
158  95  =
159  42 STO
160  05  05
161  42 STO
162  06  06
163  43 RCL
164  00  00
165  42 STO
166  09  09
167  76 LBL
168  19 D'
169  73 RC*
170  05  05
171  94 +/-
172  55  ÷
173  73 RC*
174  02  02
175  95  =
176  42 STO
177  07  07
178  74 SM*
179  04  04
180  43 RCL
181  00  00
182  42 STO
183  08  08
184  76 LBL
185  16 A'
186  43 RCL
187  07  07
188  65  ×
189  73 RC*
190  03  03
191  95  =
192  74 SM*
193  06  06
194  01  1
195  44 SUM
196  03  03
197  44 SUM
198  06  06
199  97 DSZ
200  08  08
201  16 A'
202  43 RCL
203  00  00
204  22 INV
205  44 SUM
206  06  06
207  01  1
208  44 SUM
209  04  04
210  44 SUM
211  05  05
212  85  +
213  43 RCL
214  00  00
215  95  =
216  44 SUM
217  02  02
218  97 DSZ
219  09  09
220  19 D'
221  43 RCL
222  00  00
223  22 INV
224  44 SUM
225  05  05
226  42 STO
227  09  09
228  76 LBL
229  18 C'
230  73 RC*
231  05  05
232  50 I×I
233  77  GE
234  10 E'
235  01  1
```

```
236  44 SUM
237  05  05
238  97 DSZ
239  09  09
240  18 C'
241  43 RCL
242  01  01
243  85  +
244  43 RCL
245  00  00
246  33 X²
247  85  +
248  43 RCL
249  00  00
250  95  =
251  42 STO
252  04  04
253  43 RCL
254  00  00
255  42 STO
256  09  09
257  76 LBL
258  17 B'
259  73 RC*
260  04  04
261  91 R/S
262  01  1
263  44 SUM
264  04  04
265  97 DSZ
266  09  09
267  17 B'
268  91 R/S
```

2.9 Methode des stärksten Abstiegs

Diese Methode zur Lösung eines linearen Gleichungssystems $A\mathbf{x} = \mathbf{a}$ mit symmetrischer und positiv-definiter n,n-Matrix A ist ein Relaxationsverfahren (siehe 2.8 „Zyklische Relaxation"), bei dem die Näherungslösung **p** nicht koordinatenweise, sondern in Richtung des Residuenvektors $\mathbf{r} = A\mathbf{p} - \mathbf{a}$ geändert wird. Der Algorithmus endet, wenn die euklidische Norm des Residuums **r** eine vorgegebene Toleranz $\sigma > 0$ unterschreitet.

Das Programm gestattet die Bearbeitung von linearen Gleichungssystemen bis zur Ordnung n = 5, bei Änderung der Speicherbereichsverteilung auf 70 Datenspeicher mittels der Tastenfolge 7 2nd Op 17 auch der Ordnung n = 6.

Programminstruktionen

	Verfahren	Eingabe	Taste	Anzeige
1	Magnetkarte einlesen (Block 1, 2)			2
2	Programmbeginn		A	2
3	Eingabe der Nummer des ersten zu belegenden Speicherplatzes $k \geq 10$	k	R/S	1
4	Eingabe der Matrix [A, **a**, **p**] spaltenweise	a_{11}	R/S	2
		a_{21}	R/S	3
		⋮	⋮	⋮
		a_{nn}	R/S	n^2+1
		a_1	R/S	n^2+2
		⋮	⋮	⋮
		a_n	R/S	n^2+n+1
		p_1	R/S	n^2+n+2
		⋮	⋮	⋮
		p_n	R/S	n^2+2n+1

	Verfahren	Eingabe	Taste	Anzeige
5	Ende der Koeffizienteneingabe		B	0
6	Eingabe von σ, n, k	σ	R/S	0
		n	R/S	0
		k	R/S	
7	Ergebnisanzeige			$\bar{x}_1$
			R/S	$\bar{x}_2$
			⋮	⋮
			R/S	$\bar{x}_n$

Registerinhalte

$R_{00}, \ldots, R_{09}$: Programmzeiger
$R_k, \ldots, R_{k+n^2-1}$: $a_{11}, \ldots, a_{nn}$
$R_{k+n^2}, \ldots, R_{k+n^2+n-1}$: $a_1, \ldots, a_n$
$R_{k+n^2+n}, \ldots, R_{k+n^2+2n-1}$: $p_1, \ldots, p_n$
$R_{k+n^2+2n}, \ldots, R_{k+n^2+3n-1}$: $r_1, \ldots, r_n$

Beispiel

Zu dem linearen Gleichungssystem $A\mathbf{x} = \mathbf{a}$ mit $A = \begin{bmatrix} 2 & 1 & 0 \\ 1 & 4 & 1 \\ 0 & 1 & 2 \end{bmatrix}$ und $\mathbf{a} = \begin{bmatrix} 2 \\ 8 \\ 2 \end{bmatrix}$ sei die Näherungslösung $\mathbf{p} = \begin{bmatrix} 0.5 \\ 1.2 \\ -0.7 \end{bmatrix}$ gegeben. Gesucht ist eine verbesserte Näherung $\bar{\mathbf{x}}$ mit

$$\|\mathbf{r}\|_2 = \|A\bar{\mathbf{x}} - \mathbf{a}\|_2 < 0.005 .$$

Anmerkungen	Eingabe	Taste	Anzeige
Magnetkarte einlesen (Block 1, 2)			2
Programmbeginn		A	2
Eingabe von: k	10	R/S	1
a_{11}	2	R/S	2
a_{21}	1	R/S	3
a_{31}	0	R/S	4
a_{12}	1	R/S	5
a_{22}	4	R/S	6
a_{32}	1	R/S	7
a_{13}	0	R/S	8
a_{23}	1	R/S	9
a_{33}	2	R/S	10

Anmerkungen	Eingabe	Taste	Anzeige
a_1	2	R/S	11
a_2	8	R/S	12
a_3	2	R/S	13
p_1	0.5	R/S	14
p_2	1.2	R/S	15
p_3	–0.7	R/S	16
Ende der Koeffizienteneingabe		B	0
Eingabe von: σ	0.005	R/S	0
n	3	R/S	0
k	10	R/S	
Anzeige von: $\bar{x}_1$			.0009332064
$\bar{x}_2$		R/S	1.998317586
$\bar{x}_3$		R/S	.0009243247

Die exakte Lösung ist $\mathbf{x} = \begin{bmatrix} 0 \\ 2 \\ 0 \end{bmatrix}$.

Programm 2.9	Methode des stärksten Abstiegs

```
000  76 LBL
001  11  A
002  91 R/S
003  42 STO
004  02  02
005  01  1
006  42 STO
007  03  03
008  43 RCL
009  03  03
010  91 R/S
011  72 ST*
012  02  02
013  01  1
014  44 SUM
015  02  02
016  44 SUM
017  03  03
018  61 GTO
019  00  00
020  08  08
021  76 LBL
022  12  B
023  25 CLR
024  91 R/S
025  32 X:T
026  25 CLR
027  91 R/S
028  42 STO
029  00  00
030  42 STO
031  02  02
032  25 CLR
033  91 R/S
034  42 STO
035  01  01
036  42 STO
037  06  06
038  85  +
039  43 RCL
040  00  00
041  33 X²
042  95  =
043  42 STO
044  07  07
045  85  +
046  43 RCL
047  00  00
048  95  =
049  42 STO
050  08  08
051  76 LBL
052  33 X²
053  43 RCL
054  00  00
055  42 STO
056  03  03
057  76 LBL
058  34 ΓX
059  73 RC*
060  06  06
061  65  ×
062  73 RC*
063  08  08
064  95  =
065  22 INV
066  74 SM*
067  07  07
068  43 RCL
069  00  00
070  44 SUM
071  06  06
072  01  1
073  44 SUM
074  08  08
075  97 DSZ
076  03  03
077  34 ΓX
078  73 RC*
079  07  07
080  94 +/-
081  72 ST*
082  07  07
083  01  1
084  44 SUM
085  07  07
086  43 RCL
087  00  00
088  22 INV
089  44 SUM
090  08  08
091  33 X²
092  75  -
093  01  1
094  95  =
095  22 INV
096  44 SUM
097  06  06
098  97 DSZ
099  02  02
100  33 X²
101  76 LBL
102  13  C
103  43 RCL
```

```
104  00  00
105  42  STO
106  02  02
107  43  RCL
108  01  01
109  42  STO
110  06  06
111  85  +
112  43  RCL
113  00  00
114  33  X²
115  95  =
116  42  STO
117  07  07
118  85  +
119  02  2
120  65  ×
121  43  RCL
122  00  00
123  95  =
124  42  STO
125  08  08
126  76  LBL
127  35  1/X
128  43  RCL
129  00  00
130  42  STO
131  03  03
132  00  0
133  72  ST*
134  08  08
135  76  LBL
136  43  RCL
137  73  RC*
138  06  06
139  65  ×
140  73  RC*
141  07  07
142  95  =
143  74  SM*
144  08  08
145  43  RCL
146  00  00
147  44  SUM
148  06  06
149  01  1
150  44  SUM
151  07  07
152  97  DSZ
153  03  03
154  43  RCL
155  43  RCL
156  00  00
157  22  INV
158  44  SUM
159  07  07
160  33  X²
161  75  -
162  01  1
163  95  =
164  22  INV
165  44  SUM
166  06  06
167  01  1
168  44  SUM
169  08  08
170  97  DSZ
171  02  02
172  35  1/X
173  43  RCL
174  01  01
175  85  +
176  43  RCL
177  00  00
178  33  X²
179  95  =
180  42  STO
181  06  06
182  85  +
183  02  2
184  65  ×
185  43  RCL
186  00  00
187  95  =
188  42  STO
189  07  07
190  43  RCL
191  00  00
192  42  STO
193  02  02
194  00  0
195  42  STO
196  09  09
197  42  STO
198  05  05
199  76  LBL
200  42  STO
201  73  RC*
202  06  06
203  33  X²
204  44  SUM
205  09  09
206  73  RC*
207  06  06
208  65  ×
209  73  RC*
210  07  07
211  95  =
212  22  INV
213  44  SUM
214  05  05
215  01  1
216  44  SUM
217  06  06
218  44  SUM
219  07  07
220  97  DSZ
221  02  02
222  42  STO
223  43  RCL
224  05  05
225  22  INV
226  49  PRD
227  09  09
228  43  RCL
229  00  00
230  42  STO
231  02  02
232  43  RCL
233  01  01
234  85  +
235  43  RCL
236  00  00
237  33  X²
238  95  =
239  42  STO
240  07  07
241  85  +
242  43  RCL
243  00  00
244  95  =
245  42  STO
246  06  06
247  85  +
248  43  RCL
249  00  00
250  95  =
251  42  STO
252  08  08
253  76  LBL
254  44  SUM
255  73  RC*
256  07  07
257  65  ×
258  43  RCL
259  09  09
260  95  =
261  74  SM*
262  06  06
263  73  RC*
264  08  08
265  65  ×
266  43  RCL
267  09  09
268  95  =
269  74  SM*
270  07  07
271  01  1
272  44  SUM
273  06  06
274  44  SUM
275  07  07
276  44  SUM
277  08  08
278  97  DSZ
279  02  02
280  44  SUM
281  43  RCL
282  00  00
283  42  STO
284  02  02
285  33  X²
286  85  +
287  43  RCL
288  01  01
289  95  =
290  42  STO
291  03  03
292  00  0
293  42  STO
294  05  05
295  76  LBL
296  45  Y×
297  73  RC*
298  03  03
299  33  X²
300  44  SUM
301  05  05
302  01  1
303  44  SUM
304  03  03
305  97  DSZ
306  02  02
307  45  Y×
308  43  RCL
309  05  05
310  34  ΓX
311  77  GE
312  13  C
313  43  RCL
314  00  00
315  42  STO
316  02  02
317  33  X²
318  85  +
319  43  RCL
320  01  01
321  85  +
322  43  RCL
323  00  00
324  95  =
325  42  STO
326  03  03
327  76  LBL
328  52  EE
329  73  RC*
330  03  03
331  91  R/S
332  01  1
333  44  SUM
334  03  03
335  97  DSZ
336  02  02
337  52  EE
338  91  R/S
```

2.10 Lineare Optimierung

Das Programm berechnet die Lösung eines linearen Programms in Normalform

$$\begin{aligned} \mathbf{y}_1 & \geq 0 \\ \mathbf{y}_2 = B\,\mathbf{y}_1 + \mathbf{b} & \geq 0 \\ z = \mathbf{c}^T \mathbf{y}_1 + c & \rightarrow \max \end{aligned}$$

nach dem Simplexverfahren. Dabei sind $\mathbf{y}_1$ und $\mathbf{c}$ m-Spalten, $\mathbf{y}_2$ und $\mathbf{b}$ n-Spalten und B ist eine n,m-Matrix. Das lineare Programm wird spaltenweise als eine Matrix L der folgenden Form eingegeben:

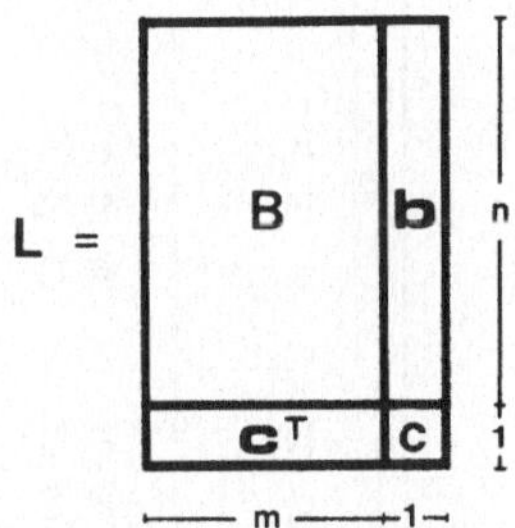

Das Programm wurde in drei Teile zerlegt. Es gestattet die Lösung solcher Optimierungsprobleme, deren Formate in der folgenden Tabelle mit „+" gekennzeichnet sind.

m \ n	2	3	4	5	6	7	8	9
2	+	+	+	+	+	+	+	+
3	+	+	+	+	+	+		
4	+	+	+	+	+			
5	+	+	+	+				
6	+	+	+					
7	+	+						
8	+							
9	+							

Programminstruktionen

	Verfahren	Eingabe	Taste	Anzeige
1	„Teil 1" einlesen (Block 1)			1
2	Programmbeginn „Teil 1"		A	1
3	Eingabe von n und m	n	R/S	n
		m	R/S	m
4	Eingabe der Nummer des ersten zu belegenden Speicherplatzes $k \geq 13$	k	R/S	1
5	Eingabe der Matrix $L = \left[\begin{array}{c\|c} B & \mathbf{b} \\ \hline \mathbf{c}^T & c \end{array}\right]$ spaltenweise	b_{11}	R/S	2
		⋮	⋮	⋮
		b_{n1}	R/S	n+1
		c_1	R/S	n+2
		b_{12}	R/S	n+3
		⋮	⋮	⋮
		b_{nm}	R/S	m(n+1)
		c_m	R/S	m(n+1)+1
		b_1	R/S	m(n+1)+2
		⋮	⋮	⋮
		b_n	R/S	(m+1) (n+1)
		c	R/S	0
6	„Teil 2" einlesen (Block 1, 2)			2
7	Programmbeginn „Teil 2"		B	0
8	„Teil 3" einlesen (Block 1)			1
9	Ausgabe der primalen Lösung y_1		C	
10	Ergebnisanzeige			z_{max}
			R/S	y_1
			⋮	⋮
			R/S	y_m

Registerinhalte

$R_{00}, \ldots, R_{12}$: Programmzeiger

$R_k, \ldots, R_{k+m+n-1}$: Zeilen- und Spaltenindizes

$R_{k+m+n}, \ldots, R_{k+2m+2n+mn}$: Koeffizienten von $L = \left[\begin{array}{c|c} B & \mathbf{b} \\ \hline \mathbf{c}^T & c \end{array}\right]$

Bemerkungen

1. Ist man nicht an der Lösung des primalen, sondern des dualen linearen Programms

$$\begin{aligned} \mathbf{v}_2 &\qquad\qquad \leq \mathbf{0} \\ \mathbf{v}_1 &= -B^T\mathbf{v}_2 + \mathbf{c} \leq \mathbf{0} \\ w &= -\mathbf{b}^T\mathbf{v}_2 + c \rightarrow \min \end{aligned}$$

interessiert, so wird Schritt 9 der Programminstruktionen ersetzt durch Schritt 9a

9a	Ausgabe der dualen Lösung $\mathbf{v}_2$		D	

Auch in diesem Fall wird die Matrix $L = \left[\begin{array}{c|c} B & \mathbf{b} \\ \hline \mathbf{c}^T & c \end{array}\right]$ eingegeben.

2. Existiert keine optimale Lösung, weil die Menge der zulässigen Lösungen unbeschränkt ist, hält das Programm und der Rechner zeigt dies durch eine blinkende Anzeige an.

Beispiel

Gegeben ist das lineare Optimierungsproblem

$$\begin{aligned} y_1 \geq 0,\quad & y_2 \geq 0 \\ y_1 + \ \ y_2 &\leq 10 \\ 3y_1 + 2y_2 &\leq 24 \\ y_1 \qquad &\leq \ 6 \\ 2y_1 + \ \ y_2 &\rightarrow \max \end{aligned}$$

Die Normalform lautet

$$\begin{bmatrix} y_1 \\ y_2 \end{bmatrix} \geq \mathbf{0}, \qquad \begin{bmatrix} -1 & -1 \\ -3 & -2 \\ -1 & 0 \end{bmatrix} \begin{bmatrix} y_1 \\ y_2 \end{bmatrix} + \begin{bmatrix} 10 \\ 24 \\ 6 \end{bmatrix} \geq \mathbf{0}, \quad z = 2y_1 + y_2 + 0 \rightarrow \max;$$

$$\text{also} \quad L = \left[\begin{array}{cc|c} -1 & -1 & 10 \\ -3 & -2 & 24 \\ -1 & 0 & 6 \\ \hline 2 & 1 & 0 \end{array}\right].$$

Anmerkungen	Eingabe	Taste	Anzeige
„Teil 1" einlesen (Block 1)			1
Programmbeginn „Teil 1"		A	1
Eingabe von: n	3	R/S	3
m	2	R/S	2
k	13	R/S	
			1

Anmerkungen	Eingabe	Taste	Anzeige
b_{11}	–1	R/S	2
b_{21}	–3	R/S	3
b_{31}	–1	R/S	4
c_1	2	R/S	5
b_{12}	–1	R/S	6
b_{22}	–2	R/S	7
b_{32}	0	R/S	8
c_2	1	R/S	9
b_1	10	R/S	10
b_2	24	R/S	11
b_3	6	R/S	12
c	0	R/S	0
„Teil 2" einlesen (Block 1, 2)			2
Programmbeginn „Teil 2"		B	
			0
„Teil 3" einlesen (Block 1)			1
Ausgabe der primalen Lösung		C	
Anzeige von: z_{max}			15
y_1		R/S	6
y_2		R/S	3

Programm 2.10	Lineare Optimierung

Teil 1

```
000  76 LBL
001  11  A
002  91 R/S
003  42 STO
004  00  00
005  42 STO
006  03  03
007  91 R/S
008  42 STO
009  01  01
010  42 STO
011  04  04
012  91 R/S
013  42 STO
014  02  02
015  42 STO
016  05  05
017  01  1
018  42 STO
019  06  06
020  76 LBL
021  22 INV
022  43 RCL
023  06  06
024  72 ST*
025  05  05
026  01  1
027  44 SUM
028  05  05
029  44 SUM
030  06  06
031  97 DSZ
032  04  04
033  22 INV
034  01  1
035  42 STO
036  06  06
037  76 LBL
038  23 LNX
039  43 RCL
040  06  06
041  94 +/-
042  72 ST*
043  05  05
044  01  1
045  44 SUM
046  05  05
047  44 SUM
048  06  06
049  97 DSZ
050  03  03
051  23 LNX
052  01  1
053  42 STO
054  03  03
055  00  0
056  53  (
057  43 RCL
058  00  00
059  85  +
060  01  1
061  54  )
062  65  ×
063  53  (
064  43 RCL
065  01  01
066  85  +
067  01  1
068  54  )
069  95  =
070  42 STO
071  04  04
072  76 LBL
073  24 CE
074  43 RCL
075  03  03
076  91 R/S
077  72 ST*
078  05  05
079  01  1
080  44 SUM
081  03  03
082  44 SUM
083  05  05
084  97 DSZ
085  04  04
086  24 CE
087  25 CLR
088  91 R/S
```

Teil 2

```
000  76  LBL
001  12   B
002  43  RCL
003  01   01
004  42  STO
005  04   04
006  85   +
007  02   2
008  65   ×
009  43  RCL
010  00   00
011  85   +
012  43  RCL
013  02   02
014  95   =
015  42  STO
016  03   03
017  29  CP
018  01   1
019  42  STO
020  05   05
021  76  LBL
022  25  CLR
023  73  RC*
024  03   03
025  94  +/-
026  22  INV
027  77   GE
028  32  X:T
029  01   1
030  44  SUM
031  05   05
032  85   +
033  43  RCL
034  00   00
035  95   =
036  44  SUM
037  03   03
038  97  DSZ
039  04   04
040  25  CLR
041  25  CLR
042  91  R/S
043  76  LBL
044  32  X:T
045  43  RCL
046  02   02
047  85   +
048  43  RCL
049  00   00
050  85   +
051  43  RCL
052  00   00
053  65   ×
054  43  RCL
055  01   01
056  85   +
057  02   2
058  65   ×
059  43  RCL
060  01   01
061  95   =
062  42  STO
063  03   03
064  43  RCL
065  02   02
066  85   +
067  43  RCL
068  01   01
069  85   +
070  43  RCL
071  00   00
072  65   ×
073  43  RCL
074  05   05
075  85   +
076  43  RCL
077  05   05
078  75   -
079  01   1
080  95   =
081  42  STO
082  04   04
083  01   1
084  42  STO
085  09   09
086  43  RCL
087  00   00
088  42  STO
089  07   07
090  00   0
091  42  STO
092  08   08
093  86  STF
094  06   06
095  76  LBL
096  33  X²
097  73  RC*
098  04   04
099  22  INV
100  77   GE
101  34  √X
102  61  GTO
103  35  1/X
104  76  LBL
105  34  √X
106  73  RC*
107  03   03
108  55   ÷
109  73  RC*
110  04   04
111  95   =
112  94  +/-
113  42  STO
114  10   10
115  22  INV
116  87  IFF
117  06   06
118  42  STO
119  42  STO
120  08   08
121  22  INV
122  86  STF
123  06   06
124  43  RCL
125  09   09
126  42  STO
127  06   06
128  61  GTO
129  35  1/X
130  76  LBL
131  42  STO
132  43  RCL
133  10   10
134  75   -
135  43  RCL
136  08   08
137  95   =
138  77   GE
139  35  1/X
140  43  RCL
141  10   10
142  42  STO
143  08   08
144  43  RCL
145  09   09
146  42  STO
147  06   06
148  76  LBL
149  35  1/X
150  01   1
151  44  SUM
152  03   03
153  44  SUM
154  04   04
155  44  SUM
156  09   09
157  97  DSZ
158  07   07
159  33  X²
160  22  INV
161  87  IFF
162  06   06
163  43  RCL
164  61  GTO
165  16  A'
166  76  LBL
167  43  RCL
168  43  RCL
169  02   02
170  75   -
171  01   1
172  85   +
173  43  RCL
174  05   05
175  95   =
176  42  STO
177  03   03
178  75   -
179  43  RCL
180  05   05
181  85   +
182  43  RCL
183  01   01
184  85   +
185  43  RCL
186  06   06
187  95   =
188  42  STO
189  04   04
190  73  RC*
191  03   03
192  63  EX*
193  04   04
194  63  EX*
195  03   03
196  43  RCL
197  00   00
198  85   +
199  01   1
200  95   =
201  42  STO
202  03   03
203  43  RCL
204  02   02
205  85   +
206  43  RCL
207  01   01
208  85   +
209  43  RCL
210  05   05
211  65   ×
212  43  RCL
213  00   00
214  85   +
215  43  RCL
216  05   05
217  75   -
218  01   1
219  95   =
220  42  STO
221  09   09
222  85   +
223  43  RCL
224  06   06
225  75   -
226  01   1
227  95   =
228  42  STO
229  07   07
230  73  RC*
231  07   07
```

232	42	STO
233	07	07
234	01	1
235	75	-
236	43	RCL
237	06	06
238	95	=
239	42	STO
240	11	11
241	76	LBL
242	44	SUM
243	43	RCL
244	11	11
245	67	EQ
246	45	Y^X
247	43	RCL
248	01	01
249	85	+
250	01	1
251	95	=
252	42	STO
253	04	04
254	75	-
255	02	2
256	85	+
257	43	RCL
258	02	02
259	85	+
260	43	RCL
261	00	00
262	85	+
263	43	RCL
264	06	06
265	95	=
266	42	STO
267	10	10
268	43	RCL
269	02	02
270	85	+
271	43	RCL
272	01	01
273	85	+
274	02	2
275	65	×
276	43	RCL
277	00	00
278	75	-
279	43	RCL
280	03	03
281	85	+
282	01	1
283	95	=
284	42	STO
285	08	08
286	01	1
287	75	-
288	43	RCL
289	05	05
290	95	=
291	42	STO
292	12	12
293	76	LBL
294	52	EE
295	43	RCL
296	12	12
297	67	EQ
298	53	(
299	73	RC*
300	09	09
301	65	×
302	73	RC*
303	10	10
304	55	÷
305	43	RCL
306	07	07
307	95	=
308	22	INV
309	74	SM*
310	08	08
311	76	LBL
312	53	(
313	43	RCL
314	00	00
315	85	+
316	01	1
317	95	=
318	44	SUM
319	08	08
320	44	SUM
321	10	10
322	01	1
323	44	SUM
324	12	12
325	97	DSZ
326	04	04
327	52	EE
328	76	LBL
329	45	Y^X
330	01	1
331	44	SUM
332	11	11
333	44	SUM
334	09	09
335	97	DSZ
336	03	03
337	44	SUM
338	43	RCL
339	01	01
340	85	+
341	01	1
342	95	=
343	42	STO
344	03	03
345	43	RCL
346	02	02
347	85	+
348	43	RCL
349	01	01
350	85	+
351	43	RCL
352	00	00
353	85	+
354	43	RCL
355	06	06
356	75	-
357	01	1
358	95	=
359	42	STO
360	10	10
361	01	1
362	75	-
363	43	RCL
364	05	05
365	95	=
366	42	STO
367	09	09
368	76	LBL
369	54	)
370	43	RCL
371	09	09
372	67	EQ
373	55	÷
374	43	RCL
375	07	07
376	94	+/-
377	22	INV
378	64	PD*
379	10	10
380	76	LBL
381	55	÷
382	01	1
383	44	SUM
384	09	09
385	85	+
386	43	RCL
387	00	00
388	95	=
389	44	SUM
390	10	10
391	97	DSZ
392	03	03
393	54	)
394	43	RCL
395	00	00
396	85	+
397	01	1
398	95	=
399	42	STO
400	03	03
401	43	RCL
402	02	02
403	85	+
404	43	RCL
405	01	01
406	85	+
407	43	RCL
408	00	00
409	65	×
410	43	RCL
411	05	05
412	85	+
413	43	RCL
414	05	05
415	75	-
416	01	1
417	95	=
418	42	STO
419	09	09
420	01	1
421	75	-
422	43	RCL
423	06	06
424	95	=
425	42	STO
426	10	10
427	76	LBL
428	61	GTO
429	43	RCL
430	10	10
431	67	EQ
432	65	×
433	43	RCL
434	07	07
435	22	INV
436	64	PD*
437	09	09
438	76	LBL
439	65	×
440	01	1
441	44	SUM
442	09	09
443	44	SUM
444	10	10
445	97	DSZ
446	03	03
447	61	GTO
448	43	RCL
449	02	02
450	85	+
451	43	RCL
452	01	01
453	85	+
454	43	RCL
455	00	00
456	65	×
457	43	RCL
458	05	05
459	85	+
460	43	RCL
461	05	05
462	75	-
463	02	2
464	85	+
465	43	RCL
466	06	06
467	95	=
468	42	STO
469	08	08
470	43	RCL
471	07	07
472	35	1/X
473	72	ST*
474	08	08
475	12	B
476	25	CLR

Teil 3

```
000  76 LBL
001  13  C
002  43 RCL
003  02  02
004  85  +
005  02  2
006  65  ×
007  53  (
008  43 RCL
009  01  01
010  85  +
011  43 RCL
012  00  00
013  54  )
014  85  +
015  43 RCL
016  00  00
017  65  ×
018  43 RCL
019  01  01
020  95  =
021  42 STO
022  07  07
023  73 RC*
024  07  07
025  91 R/S
026  43 RCL
027  01  01
028  42 STO
029  03  03
030  01  1
031  42 STO
032  04  04
033  76 LBL
034  71 SBR
035  43 RCL
036  02  02
037  85  +
038  43 RCL
039  01  01
040  95  =
041  42 STO
042  05  05
043  43 RCL
044  00  00
045  42 STO
046  06  06
047  76 LBL
048  75  -
049  73 RC*
050  05  05
051  75  -
052  43 RCL
053  04  04
054  95  =
055  67  EQ
056  81 RST
057  01  1
058  44 SUM
059  05  05
060  97 DSZ
061  06  06
062  75  -
063  00  0
064  91 R/S
065  61 GTO
066  85  +
067  76 LBL
068  81 RST
069  43 RCL
070  05  05
071  85  +
072  43 RCL
073  00  00
074  85  +
075  43 RCL
076  01  01
077  65  ×
078  43 RCL
079  00  00
080  85  +
081  43 RCL
082  01  01
083  95  =
084  42 STO
085  07  07
086  73 RC*
087  07  07
088  91 R/S
089  76 LBL
090  85  +
091  01  1
092  44 SUM
093  04  04
094  97 DSZ
095  03  03
096  71 SBR
097  91 R/S
098  76 LBL
099  14  D
100  43 RCL
101  02  02
102  85  +
103  02  2
104  65  ×
105  53  (
106  43 RCL
107  01  01
108  85  +
109  43 RCL
110  00  00
111  54  )
112  85  +
113  43 RCL
114  00  00
115  65  ×
116  43 RCL
117  01  01
118  95  =
119  42 STO
120  07  07
121  73 RC*
122  07  07
123  91 R/S
124  43 RCL
125  00  00
126  42 STO
127  03  03
128  01  1
129  42 STO
130  04  04
131  76 LBL
132  77  GE
133  43 RCL
134  02  02
135  42 STO
136  05  05
137  43 RCL
138  01  01
139  42 STO
140  06  06
141  76 LBL
142  78  Σ+
143  73 RC*
144  05  05
145  85  +
146  43 RCL
147  04  04
148  95  =
149  67  EQ
150  79  x̄
151  01  1
152  44 SUM
153  05  05
154  97 DSZ
155  06  06
156  78  Σ+
157  00  0
158  91 R/S
159  61 GTO
160  70 RAD
161  76 LBL
162  79  x̄
163  43 RCL
164  02  02
165  85  +
166  53  (
167  01  1
168  85  +
169  43 RCL
170  05  05
171  75  -
172  43 RCL
173  02  02
174  54  )
175  65  ×
176  53  (
177  43 RCL
178  00  00
179  85  +
180  01  1
181  54  )
182  85  +
183  43 RCL
184  00  00
185  85  +
186  43 RCL
187  01  01
188  75  -
189  01  1
190  95  =
191  42 STO
192  07  07
193  73 RC*
194  07  07
195  94 +/-
196  91 R/S
197  76 LBL
198  70 RAD
199  01  1
200  44 SUM
201  04  04
202  97 DSZ
203  03  03
204  77  GE
205  91 R/S
```

3 Iteration

3.1 Vektoriteration nach von Mises

Verfügt man über einen geeigneten Startvektor $\mathbf{y}_0$ und besitzt die n,n-Matrix A einen betragsgrößten Eigenwert λ_1, so konvergiert die Iterationsfolge

$$\mathbf{y}_i = A \cdot \mathbf{y}_{i-1} \cdot \frac{1}{\|\mathbf{y}_{i-1}\|_\infty}; \quad i = 1, 2, \ldots$$

gegen den Eigenvektor $\mathbf{x}_1$ von A und die Folge

$$\frac{\mathbf{y}_i^T \mathbf{y}_i}{\mathbf{y}_i^T \mathbf{y}_{i-1}}; \quad i = 1, 2, \ldots$$

gegen den Eigenwert λ_1. Das Programm bricht ab, wenn

$$\|\mathbf{y}_i - \mathbf{y}_{i-1} \cdot \|\mathbf{y}_i\|_\infty\|_\infty < \epsilon$$

ist ($\epsilon > 0$ Toleranz) oder die vorzugebende Maximalzahl N von Iterationen durchgeführt worden ist. Es bearbeitet Matrizen bis zur Ordnung $n = 6$.

Programminstruktionen

	Verfahren	Eingabe	Taste	Anzeige
1	Magnetkarte einlesen (Block 1, 2)			2
2	Programmbeginn		A	2
3	Eingabe der Nummer des ersten zu belegenden Speicherplatzes $k \geq 11$	k	R/S	1
4	Eingabe der Matrix $[A, \mathbf{y}_0]$ spaltenweise	a_{11}	R/S	2
		a_{21}	R/S	3
		$\vdots$	$\vdots$	$\vdots$
		a_{nn}	R/S	n^2+1
		$y_1^{(0)}$	R/S	n^2+2
		$\vdots$	$\vdots$	$\vdots$
		$y_n^{(0)}$	R/S	n^2+n+1

	Verfahren	Eingabe	Taste	Anzeige
5	Ende der Koeffizienteneingabe		B	0
6	Eingabe von n, k, ϵ, N	n	R/S	0
		k	R/S	0
		ϵ	R/S	0
		N	R/S	
7	Anzeige von λ_1 und $\mathbf{x}_1$			λ_1
			R/S	x_1
			⋮	⋮
			R/S	x_n

Registerinhalte

$R_{00}, \ldots, R_{10}$: Programmzeiger

$R_k, \ldots, R_{k+n^2-1}$: $a_{11}, \ldots, a_{nn}$

$R_{k+n^2}, \ldots, R_{k+n^2+n-1}$: $y_1^{(i)}, \ldots, y_n^{(i)}$

$R_{k+n^2+n}, \ldots, R_{k+n^2+2n-1}$: $y_1^{(i-1)}, \ldots, y_n^{(i-1)}$

Beispiel

Mit höchstens N = 5 Iterationsschritten, der Toleranz $\epsilon = 0.1$ und dem Startvektor $\mathbf{y}_0 = [1, 0, 0]^T$ soll der betragsgrößte Eigenwert λ_1 und der zugehörige Eigenvektor $\mathbf{x}_1$ der Matrix

$$A = \begin{bmatrix} 3 & 2 & -1 \\ 2 & 6 & -2 \\ 0 & 0 & 2 \end{bmatrix}$$

näherungsweise bestimmt werden.

Anmerkungen	Eingabe	Taste	Anzeige
Magnetkarte einlesen (Block 1, 2)			2
Programmbeginn		A	2
Eingabe von: k	11	R/S	1
a_{11}	3	R/S	2
a_{21}	2	R/S	3
a_{31}	0	R/S	4
a_{12}	2	R/S	5

Anmerkungen		Eingabe	Taste	Anzeige
	a_{22}	6	R/S	6
	a_{32}	0	R/S	7
	a_{13}	–1	R/S	8
	a_{23}	–2	R/S	9
	a_{33}	2	R/S	10
	$y_1^{(0)}$	1	R/S	11
	$y_2^{(0)}$	0	R/S	12
	$y_3^{(0)}$	0	R/S	13
Ende der Koeffizienteneingabe			B	0
Eingabe von:	n	3	R/S	0
	k	11	R/S	0
	ϵ	0.1	R/S	0
	N	5	R/S	
Anzeige von:	λ_1			6.999746256
	x_1		R/S	.5047690015
	x_2		R/S	1
	x_3		R/S	0

Die exakte Lösung ist $\lambda_1 = 7$ und $\mathbf{x}_1 = \begin{bmatrix} 0.5 \\ 1 \\ 0 \end{bmatrix}$.

Programm 3.1	Vektoriteration nach von Mises

```
000  76 LBL
001  11  A
002  91 R/S
003  42 STO
004  00  00
005  01   1
006  42 STO
007  01  01
008  43 RCL
009  01  01
010  91 R/S
011  72 ST*
012  00  00
013  01   1
014  44 SUM
015  00  00
016  44 SUM
017  01  01
018  61 GTO
019  00  00
020  08  08
021  76 LBL
022  12   B
023  25 CLR
024  91 R/S
025  42 STO
026  00  00
027  75   -
028  01   1
029  95   =
030  42 STO
031  09  09
032  25 CLR
033  91 R/S
034  42 STO
035  01  01
036  25 CLR
037  91 R/S
038  42 STO
039  06  06
040  25 CLR
041  91 R/S
042  42 STO
043  05  05
044  43 RCL
045  00  00
046  33  X²
047  85   +
048  43 RCL
049  01  01
050  95   =
051  42 STO
052  02  02
053  73 RC*
054  02  02
055  50 I×I
056  32 X:T
057  73 RC*
058  02  02
059  42 STO
060  10  10
061  76 LBL
062  22 INV
063  01   1
064  44 SUM
065  02  02
066  73 RC*
067  02  02
068  50 I×I
069  22 INV
070  77  GE
071  23 LNX
072  67  EQ
073  23 LNX
074  32 X:T
075  73 RC*
```

```
076 02 02
077 42 STO
078 10 10
079 76 LBL
080 23 LNX
081 97 DSZ
082 09 09
083 22 INV
084 76 LBL
085 34 ΓX
086 43 RCL
087 00 00
088 42 STO
089 09 09
090 33 X²
091 85 +
092 43 RCL
093 01 01
094 95 =
095 42 STO
096 02 02
097 85 +
098 43 RCL
099 00 00
100 95 =
101 42 STO
102 03 03
103 76 LBL
104 15 E
105 73 RC*
106 02 02
107 55 ÷
108 43 RCL
109 10 10
110 95 =
111 72 ST*
112 03 03
113 00 0
114 72 ST*
115 02 02
116 01 1
117 44 SUM
118 02 02
119 44 SUM
120 03 03
121 97 DSZ
122 09 09
123 15 E
124 43 RCL
125 01 01
126 42 STO
127 02 02
128 85 +
129 43 RCL
130 00 00
131 33 X²
132 95 =
133 42 STO
134 04 04
135 85 +
136 43 RCL
137 00 00
138 95 =
139 42 STO
140 03 03
141 43 RCL
142 00 00
143 42 STO
144 08 08
145 76 LBL
146 10 E'
147 43 RCL
148 00 00
149 42 STO
150 09 09
151 76 LBL
152 19 D'
153 73 RC*
154 02 02
155 65 ×
156 73 RC*
157 03 03
158 95 =
159 74 SM*
160 04 04
161 01 1
162 44 SUM
163 03 03
164 43 RCL
165 00 00
166 44 SUM
167 02 02
168 97 DSZ
169 09 09
170 19 D'
171 43 RCL
172 00 00
173 22 INV
174 44 SUM
175 03 03
176 33 X²
177 75 -
178 01 1
179 95 =
180 22 INV
181 44 SUM
182 02 02
183 01 1
184 44 SUM
185 04 04
186 97 DSZ
187 08 08
188 10 E'
189 43 RCL
190 00 00
191 33 X²
192 85 +
193 43 RCL
194 01 01
195 95 =
196 42 STO
197 02 02
198 43 RCL
199 00 00
200 75 -
201 01 1
202 95 =
203 42 STO
204 09 09
205 73 RC*
206 02 02
207 50 I×I
208 32 X↕T
209 73 RC*
210 02 02
211 42 STO
212 10 10
213 76 LBL
214 18 C'
215 01 1
216 44 SUM
217 02 02
218 73 RC*
219 02 02
220 50 I×I
221 22 INV
222 77 GE
223 24 CE
224 67 EQ
225 24 CE
226 32 X↕T
227 73 RC*
228 02 02
229 42 STO
230 10 10
231 76 LBL
232 24 CE
233 97 DSZ
234 09 09
235 18 C'
236 43 RCL
237 00 00
238 42 STO
239 09 09
240 33 X²
241 85 +
242 43 RCL
243 01 01
244 95 =
245 42 STO
246 02 02
247 85 +
248 43 RCL
249 00 00
250 95 =
251 42 STO
252 03 03
253 43 RCL
254 06 06
255 32 X↕T
256 76 LBL
257 17 B'
258 53 (
259 73 RC*
260 02 02
261 75 -
262 73 RC*
263 03 03
264 65 ×
265 43 RCL
266 10 10
267 54 )
268 50 I×I
269 77 GE
270 25 CLR
271 01 1
272 44 SUM
273 02 02
274 44 SUM
275 03 03
276 97 DSZ
277 09 09
278 17 B'
279 61 GTO
280 13 C
281 76 LBL
282 25 CLR
283 97 DSZ
284 05 05
285 34 ΓX
286 76 LBL
287 13 C
288 43 RCL
289 00 00
290 42 STO
291 09 09
292 33 X²
293 85 +
294 43 RCL
295 01 01
296 95 =
297 42 STO
298 02 02
299 85 +
300 43 RCL
301 00 00
302 95 =
303 42 STO
304 03 03
305 00 0
306 42 STO
307 08 08
308 42 STO
309 07 07
310 76 LBL
311 16 A'
312 73 RC*
313 02 02
314 33 X²
315 44 SUM
316 08 08
317 73 RC*
318 02 02
319 65 ×
320 73 RC*
321 03 03
322 95 =
323 44 SUM
```

```
324  07  07
325  43  RCL
326  10  10
327  22  INV
328  64  PD*
329  02  02
330  01  1
331  44  SUM
332  02  02
333  44  SUM
334  03  03
335  97  DSZ
336  09  09
337  16  A'
338  43  RCL
339  08  08
340  55  ÷
341  43  RCL
342  07  07
343  95  =
344  42  STO
345  10  10
346  43  RCL
347  00  00
348  42  STO
349  09  09
350  22  INV
351  44  SUM
352  02  02
353  43  RCL
354  10  10
355  91  R/S
356  76  LBL
357  33  X²
358  73  RC*
359  02  02
360  91  R/S
361  01  1
362  44  SUM
363  02  02
364  97  DSZ
365  09  09
366  33  X²
367  91  R/S
```

3.2 Inverse Iteration

Das Programm berechnet den betragskleinsten Eigenwert λ_n der n,n-Matrix A als betragsgrößten Eigenwert λ_n^{-1} von A^{-1}. Dabei wird die Iterationsvorschrift

$$\mathbf{y}_i = A^{-1}\mathbf{y}_{i-1}$$

ersetzt durch das Lösen des linearen Gleichungssystems

$$L R \mathbf{y}_i = \mathbf{y}_{i-1} ,$$

wobei die LR-Zerlegung von A vorher durch das Programm 2.4 „Die LR-Zerlegung mit Pivotsuche" bereitgestellt wird. Das Programm bricht die Iteration ab, wenn der Wert

$$\| \mathbf{y}_i - \mathbf{y}_{i-1} \| \mathbf{y}_i \|_\infty \|_\infty$$

eine vorzugebende Toleranz $\epsilon > 0$ unterschreitet oder die Höchstzahl N von Schritten durchgeführt wurde. Es ist in drei Teile zerlegt und auf Matrizen bis zur Ordnung $n = 5$ anwendbar. Damit die Speicherbelegung übereinstimmt, muß beim Programm „Die LR-Zerlegung mit Pivotsuche" die Nummer des ersten zu belegenden Speicherplatzes $k = 14$ gewählt werden.

Programminstruktionen

	Verfahren	Eingabe	Taste	Anzeige
1	„LR-Zerlegung mit Pivotsuche – Teil 1" einlesen (Block 1)			1
2	Programmbeginn „Teil 1"		A	1
3	Eingabe der Nummer des ersten zu belegenden Speicherplatzes k = 14	14	R/S	1
4	Eingabe von A spaltenweise	a_{11}	R/S	2
		a_{21}	R/S	3
		⋮	⋮	⋮
		a_{nn}	R/S	n^2+1

	Verfahren	Eingabe	Taste	Anzeige
5	Ende der Koeffizienteneingabe		B	n^2+1
6	Eingabe von n und k	n	R/S	n
		k	R/S	
				0
7	„LR-Zerlegung mit Pivotsuche – Teil 2" einlesen (Block 1, 2)			2
8	Programmbeginn „Teil 2"		C	
				0
9	„Inverse Iteration – Teil 1" einlesen (Block 1)			1
10	Programmbeginn „Teil 1"		A	1
11	Eingabe des Startvektors $\mathbf{y}_0$	$y_1^{(0)}$	R/S	2
		⋮	⋮	⋮
		$y_n^{(0)}$	R/S	n+1
12	Ende der Koeffizienteneingabe		B	0
13	Eingabe von N und ϵ	N	R/S	N
		ϵ	R/S	
				0
14	„Inverse Iteration – Teil 2" einlesen (Block 1, 2)			2
15	Programmbeginn „Teil 2"		C	
				0
16	„Inverse Iteration – Teil 3" einlesen (Block 1)			1
17	Programmbeginn „Teil 3"		D	
18	Anzeige des Eigenwerts λ_n und des Eigenvektors $\mathbf{x}$			λ_n
			R/S	x_1
			⋮	⋮
			R/S	x_n

Registerinhalte

$R_{00}, \ldots, R_{13}$: Programmzeiger

$R_{14}, \ldots, R_{n^2+13}$: Koeffizienten der LR-Zerlegung von A

$R_{n^2+14}, \ldots, R_{n^2+n+13}$: $y_1^{(i)}, \ldots, y_n^{(i)}$

$R_{n^2+n+14}, \ldots, R_{n^2+2n+13}$: Zeilenindizes

$R_{n^2+2n+14}, \ldots, R_{n^2+3n+13}$: $y_1^{(i-1)}, \ldots, y_n^{(i-1)}$

$R_{n^2+3n+14}, \ldots, R_{n^2+4n+13}$: Zeilenindizes

Beispiel

Gesucht ist der betragskleinste Eigenwert λ_3 der Matrix $A = \begin{bmatrix} 1 & 0 & 1 \\ 0 & 4 & 2 \\ 1 & 2 & 3 \end{bmatrix}$ und der zugehörige Eigenvektor **x**. Dabei sei $\mathbf{y}_0 = [1, 0, 0]^T$, N = 10 und $\epsilon = 0.0001$.

Anmerkungen	Eingabe	Taste	Anzeige
„LR-Zerlegung mit Pivotsuche – Teil 1" einlesen (Block 1)			1
Programmbeginn „Teil 1"		A	1
Eingabe von: k	14	R/S	1
a_{11}	1	R/S	2
a_{21}	0	R/S	3
a_{31}	1	R/S	4
a_{12}	0	R/S	5
a_{22}	4	R/S	6
a_{32}	2	R/S	7
a_{13}	1	R/S	8
a_{23}	2	R/S	9
a_{33}	3	R/S	10
Ende der Koeffizienteneingabe		B	10
Eingabe von: n	3	R/S	3
k	14	R/S	
			0
„LR-Zerlegung mit Pivotsuche – Teil 2" einlesen (Block 1, 2)			2
Programmbeginn „Teil 2"		C	
			0
„Inverse Iteration – Teil 1" einlesen (Block 1)			1
Programmbeginn „Teil 1"		A	1
Eingabe von: $y_1^{(0)}$	1	R/S	2
$y_2^{(0)}$	0	R/S	3
$y_3^{(0)}$	0	R/S	4
Ende der Koeffizienteneingabe		B	0
Eingabe von: N	10	R/S	10
ϵ	0.0001	R/S	
			0

Anmerkungen	Eingabe	Taste	Anzeige
„Inverse Iteration – Teil 2" einlesen (Block 1, 2)			2
Programmbeginn „Teil 2"		C	
			0
„Inverse Iteration – Teil 3" einlesen (Block 1)			1
Programmbeginn „Teil 3"		D	
Anzeige von: λ_3			.354248689
x_1		R/S	1
x_2		R/S	.3542448811
x_3		R/S	–.6457466823

Programm 3.2	**Inverse Iteration**

Teil 1

```
000  76  LBL
001  11   A
002  01   1
003  04   4
004  42  STO
005  01   01
006  85   +
007  43  RCL
008  00   00
009  33  X²
010  95   =
011  42  STO
012  02   02
013  01   1
014  42  STO
015  03   03
016  76  LBL
017  22  INV
018  43  RCL
019  03   03
020  91  R/S
021  72  ST*
022  02   02
023  01   1
024  44  SUM
025  02   02
026  44  SUM
027  03   03
028  61  GTO
029  22  INV
030  76  LBL
031  12   B
032  25  CLR
033  91  R/S
034  42  STO
035  02   02
036  91  R/S
037  42  STO
038  03   03
039  43  RCL
040  00   00
041  75   -
042  01   1
043  95   =
044  42  STO
045  04   04
046  43  RCL
047  01   01
048  85   +
049  43  RCL
050  00   00
051  33  X²
052  95   =
053  42  STO
054  05   05
055  73  RC*
056  05   05
057  50  I×I
058  42  STO
059  06   06
060  32  X⇌T
061  76  LBL
062  23  LNX
063  01   1
064  44  SUM
065  05   05
066  73  RC*
067  05   05
068  50  I×I
069  22  INV
070  77   GE
071  24  CE
072  67   EQ
073  24  CE
074  42  STO
075  06   06
076  32  X⇌T
077  76  LBL
078  24  CE
079  97  DSZ
080  04   04
081  23  LNX
082  25  CLR
083  91  R/S
```

Teil 2

```
000  76  LBL
001  13   C
002  29  CP
003  43  RCL
004  00   00
005  42  STO
006  04   04
007  71  SBR
008  16  A'
009  42  STO
010  05   05
011  85   +
012  02   2
013  65   ×
014  43  RCL
015  00   00
016  95   =
017  42  STO
018  07   07
019  76  LBL
020  33  X²
021  73  RC*
022  05   05
023  55   ÷
024  43  RCL
025  06   06
026  95   =
027  72  ST*
028  05   05
029  72  ST*
030  07   07
031  01   1
```

```
032  44  SUM
033  05   05
034  44  SUM
035  07   07
036  97  DSZ
037  04   04
038  33  X²
039  01   1
040  42  STO
041  04   04
042  43  RCL
043  00   00
044  42  STO
045  05   05
046  65   ×
047  03   3
048  85   +
049  71  SBR
050  16  A'
051  95   =
052  42  STO
053  07   07
054  76  LBL
055  22  INV
056  43  RCL
057  04   04
058  72  ST*
059  07   07
060  01   1
061  44  SUM
062  04   04
063  44  SUM
064  07   07
065  97  DSZ
066  05   05
067  22  INV
068  71  SBR
069  16  A'
070  42  STO
071  07   07
072  85   +
073  43  RCL
074  00   00
075  95   =
076  42  STO
077  04   04
078  85   +
079  02   2
080  65   ×
081  43  RCL
082  00   00
083  95   =
084  42  STO
085  06   06
086  43  RCL
087  00   00
088  75   -
089  01   1
090  95   =
091  42  STO
092  08   08
093  76  LBL
094  23  LNX
095  71  SBR
096  16  A'
097  42  STO
098  10   10
099  85   +
100  03   3
101  65   ×
102  43  RCL
103  00   00
104  95   =
105  42  STO
106  05   05
107  43  RCL
108  00   00
109  42  STO
110  09   09
111  76  LBL
112  24  CE
113  73  RC*
114  04   04
115  75   -
116  73  RC*
117  05   05
118  95   =
119  67   EQ
120  25  CLR
121  01   1
122  44  SUM
123  05   05
124  44  SUM
125  10   10
126  97  DSZ
127  09   09
128  24  CE
129  76  LBL
130  25  CLR
131  43  RCL
132  07   07
133  75   -
134  43  RCL
135  10   10
136  95   =
137  67   EQ
138  32  X:T
139  73  RC*
140  07   07
141  63  EX*
142  10   10
143  63  EX*
144  07   07
145  73  RC*
146  06   06
147  63  EX*
148  05   05
149  63  EX*
150  06   06
151  76  LBL
152  32  X:T
153  01   1
154  44  SUM
155  04   04
156  44  SUM
157  06   06
158  44  SUM
159  07   07
160  97  DSZ
161  08   08
162  23  LNX
163  71  SBR
164  16  A'
165  42  STO
166  07   07
167  85   +
168  01   1
169  95   =
170  42  STO
171  05   05
172  43  RCL
173  01   01
174  85   +
175  01   1
176  95   =
177  42  STO
178  04   04
179  43  RCL
180  00   00
181  75   -
182  01   1
183  95   =
184  42  STO
185  09   09
186  76  LBL
187  35  1/X
188  43  RCL
189  00   00
190  75   -
191  43  RCL
192  09   09
193  95   =
194  42  STO
195  08   08
196  76  LBL
197  42  STO
198  73  RC*
199  04   04
200  65   ×
201  73  RC*
202  07   07
203  95   =
204  22  INV
205  74  SM*
206  05   05
207  43  RCL
208  00   00
209  44  SUM
210  04   04
211  01   1
212  44  SUM
213  07   07
214  97  DSZ
215  08   08
216  42  STO
217  01   1
218  44  SUM
219  05   05
220  71  SBR
221  16  A'
222  42  STO
223  07   07
224  43  RCL
225  01   01
226  85   +
227  43  RCL
228  00   00
229  75   -
230  43  RCL
231  09   09
232  85   +
233  01   1
234  95   =
235  42  STO
236  04   04
237  97  DSZ
238  09   09
239  35  1/X
240  16  A'
241  85   +
242  43  RCL
243  00   00
244  75   -
245  01   1
246  95   =
247  42  STO
248  10   10
249  71  SBR
250  16  A'
251  75   -
252  01   1
253  95   =
254  42  STO
255  07   07
256  73  RC*
257  07   07
258  22  INV
259  64  PD*
260  10   10
261  01   1
262  22  INV
263  44  SUM
264  10   10
265  43  RCL
266  00   00
267  85   +
268  01   1
269  95   =
270  22  INV
271  44  SUM
272  07   07
273  43  RCL
274  10   10
275  75   -
276  43  RCL
277  00   00
278  95   =
279  42  STO
```

```
280  04  04
281  43  RCL
282  10  10
283  85  +
284  01  1
285  95  =
286  42  STO
287  05  05
288  43  RCL
289  00  00
290  75  -
291  01  1
292  95  =
293  42  STO
294  09  09
295  76  LBL
296  43  RCL
297  43  RCL
298  00  00
299  75  -
300  43  RCL
301  09  09
302  95  =
303  42  STO
304  08  08
305  76  LBL
306  44  SUM
307  73  RC*
308  04  04
309  65  ×
310  73  RC*
311  05  05
312  95  =
313  22  INV
314  74  SM*
315  10  10
316  43  RCL
317  00  00
318  22  INV
319  44  SUM
320  04  04
321  01  1
322  22  INV
323  44  SUM
324  05  05
325  97  DSZ
326  00  00
327  44  SUM
328  73  RC*
329  07  07
330  22  INV
331  64  PD*
332  10  10
333  43  RCL
334  00  00
335  85  +
336  01  1
337  95  =
338  22  INV
339  44  SUM
340  07  07
341  01  1
342  22  INV
343  44  SUM
344  10  10
345  43  RCL
346  10  10
347  75  -
348  43  RCL
349  00  00
350  95  =
351  42  STO
352  04  04
353  71  SBR
354  16  A'
355  85  +
356  43  RCL
357  00  00
358  75  -
359  01  1
360  95  =
361  42  STO
362  05  05
363  97  DSZ
364  09  09
365  43  RCL
366  71  SBR
367  16  A'
368  42  STO
369  10  10
370  43  RCL
371  00  00
372  75  -
373  01  1
374  95  =
375  42  STO
376  09  09
377  73  RC*
378  10  10
379  50  I×I
380  42  STO
381  06  06
382  32  X⇌T
383  76  LBL
384  45  Y^X
385  01  1
386  44  SUM
387  10  10
388  73  RC*
389  10  10
390  50  I×I
391  22  INV
392  77  GE
393  52  EE
394  67  EQ
395  52  EE
396  42  STO
397  06  06
398  32  X⇌T
399  76  LBL
400  52  EE
401  97  DSZ
402  09  09
403  45  Y^X
404  43  RCL
405  00  00
406  42  STO
407  09  09
408  71  SBR
409  16  A'
410  42  STO
411  10  10
412  85  +
413  02  2
414  65  ×
415  43  RCL
416  00  00
417  95  =
418  42  STO
419  07  07
420  43  RCL
421  03  03
422  32  X⇌T
423  76  LBL
424  53  (
425  53  (
426  73  RC*
427  10  10
428  50  I×I
429  75  -
430  73  RC*
431  07  07
432  50  I×I
433  65  ×
434  43  RCL
435  06  06
436  54  )
437  50  I×I
438  77  GE
439  54  )
440  01  1
441  44  SUM
442  10  10
443  44  SUM
444  07  07
445  97  DSZ
446  09  09
447  53  (
448  61  GTO
449  55  ÷
450  76  LBL
451  54  )
452  97  DSZ
453  02  02
454  13  C
455  76  LBL
456  55  ÷
457  25  CLR
458  91  R/S
459  76  LBL
460  16  A'
461  53  (
462  43  RCL
463  00  00
464  33  X²
465  85  +
466  43  RCL
467  01  01
468  54  )
469  92  RTN
```

Teil 3

```
000  76  LBL
001  14  D
002  43  RCL
003  00  00
004  42  STO
005  09  09
006  33  X²
007  85  +
008  43  RCL
009  01  01
010  95  =
011  42  STO
012  10  10
013  85  +
014  02  2
015  65  ×
016  43  RCL
017  00  00
018  95  =
019  42  STO
020  07  07
021  00  0
022  42  STO
023  08  08
024  42  STO
025  05  05
026  76  LBL
027  65  ×
028  73  RC*
029  10  10
030  33  X²
031  44  SUM
```

```
032  08  08
033  73  RC*
034  10  10
035  65  ×
036  73  RC*
037  07  07
038  95  =
039  44  SUM
040  05  05
041  43  RCL
042  06  06
043  22  INV
044  64  PD*
045  10  10
046  01  1
047  44  SUM
048  10  10
049  44  SUM
050  07  07
051  97  DSZ
052  09  09
053  65  ×
054  43  RCL
055  08  08
056  22  INV
057  49  PRD
058  05  05
059  43  RCL
060  00  00
061  42  STO
062  09  09
063  22  INV
064  44  SUM
065  10  10
066  43  RCL
067  05  05
068  91  R/S
069  76  LBL
070  85  +
071  73  RC*
072  10  10
073  91  R/S
074  01  1
075  44  SUM
076  10  10
077  97  DSZ
078  09  09
079  85  +
080  91  R/S
```

3.3 Der LR-Algorithmus

Der Algorithmus von Rutishauser zur Bestimmung der Eigenwerte der regulären n,n-Matrix A beruht darauf, die Faktoren der LR-Zerlegung von A in umgekehrter Reihenfolge zu multiplizieren und dieses Vorgehen zu wiederholen:

$$
\begin{array}{lll}
A & =: A_1 & = L_1 \cdot R_1 \\
R_1 \cdot L_1 & =: A_2 & = L_2 \cdot R_2 \\
\vdots & \vdots & \vdots \\
R_i \cdot L_i & =: A_{i+1} & = L_{i+1} \cdot R_{i+1} \\
\vdots & \vdots & \vdots
\end{array}
$$

Existiert die LR-Zerlegung jeder Matrix A_i und sind alle Eigenwerte von A von verschiedenem Betrag, so konvergieren die L_i gegen die Einheitsmatrix E und die R_i gegen eine obere Dreiecksmatrix R, in deren Hauptdiagonalen die Eigenwerte der Matrix A stehen.

Das Programm führt maximal eine vorzugebende Anzahl N von Iterationsschritten durch oder bricht vorher ab, falls

$$\|L_i - E\|_\infty \leq \epsilon \cdot \|A\|_\infty$$

ist, wobei ϵ eine vorzugebende Toleranzschranke ist. Vor Einlesen der Magnetkarten ist die Speicherbereichsverteilung mittels der Tastenfolge 3 2nd Op 17 auf 720 Programmspeicherstellen zu ändern. Das Programm bearbeitet Matrizen bis zur Ordnung n = 3.

Programminstruktionen

	Verfahren	Eingabe	Taste	Anzeige
1	Änderung der Speicherbereichsverteilung	3	2nd Op	
		17		719.29
			CLR	0

	Verfahren	Eingabe	Taste	Anzeige
2	Magnetkarten einlesen (Block 1, 2, 3)			3
3	Programmbeginn		A	3
4	Eingabe der Nummer des ersten zu belegenden Speicherplatzes k = 15	15	R/S	1
5	Eingabe der Matrix A spaltenweise	a_{11}	R/S	2
		a_{21}	R/S	3
		⋮	⋮	⋮
		a_{nn}	R/S	n^2+1
6	Ende der Koeffizienteneingabe		B	n^2+1
7	Eingabe von n, k, N und ϵ	n	R/S	n
		15	R/S	15
		N	R/S	N
		ϵ	R/S	
8	Anzeige der Eigenwerte λ_i			λ_1
			R/S	λ_2
			⋮	⋮
			R/S	λ_n

Registerinhalte

$R_{00}, \ldots, R_{14}$: Programmzeiger

$R_{15}, \ldots, R_{n^2+14}$: $a_{11}, \ldots, a_{nn}$

$R_{n^2+15}, \ldots, R_{n(2n-1)+14}$: Zwischenergebnisse

Bemerkung

Ist eine LR-Zerlegung von A_i nicht möglich, so hält das Programm und der Rechner zeigt dies durch eine blinkende Anzeige an. Nach Drücken der Tasten CLR und C erfolgt dann die Anzeige der Diagonalelemente von R_{i-1}.

Beispiel

Gesucht sind in höchstens N = 5 Schritten mit der Toleranz $\epsilon = 0.001$ die Eigenwerte

der Matrix $A = \begin{bmatrix} 6 & 2 & -1 \\ 2 & 6 & -3 \\ 0 & 0 & 2 \end{bmatrix}$.

Anmerkungen		Eingabe	Taste	Anzeige
Änderung der Speicherbereichsverteilung		3	2nd Op	
		17		719.29
			CLR	0
Magnetkarten einlesen (Block 1, 2, 3)				3
Programmbeginn			A	3
Eingabe von:	k	15	R/S	1
	a_{11}	6	R/S	2
	a_{21}	2	R/S	3
	a_{31}	0	R/S	4
	a_{12}	2	R/S	5
	a_{22}	6	R/S	6
	a_{32}	0	R/S	7
	a_{13}	−1	R/S	8
	a_{23}	−3	R/S	9
	a_{33}	2	R/S	10
Ende der Koeffizienteneingabe			B	10
Eingabe von:	n	3	R/S	3
	k	15	R/S	15
	N	5	R/S	5
	ϵ	0.001	R/S	
Anzeige von:	λ_1			7.878787879
	λ_2		R/S	4.121212121
	λ_3		R/S	2

Die exakten Eigenwerte sind $\lambda_1 = 8$, $\lambda_2 = 4$, $\lambda_3 = 2$.

Programm 3.3	**Der LR-Algorithmus**

3 2nd Op 17

```
000  76 LBL
001  11  A
002  91 R/S
003  42 STO
004  00  00
005  01  1
006  42 STO
007  01  01
008  43 RCL
009  01  01
010  91 R/S
011  72 ST*
012  00  00
013  01  1
014  44 SUM
015  00  00
016  44 SUM
017  01  01
018  61 GTO
019  00  00
020  08  08
021  76 LBL
022  12  B
023  91 R/S
024  42 STO
025  00  00
026  42 STO
027  09  09
028  91 R/S
029  42 STO
030  01  01
031  42 STO
032  03  03
033  91 R/S
034  42 STO
035  02  02
036  91 R/S
037  42 STO
038  12  12
039  76 LBL
040  22 INV
041  43 RCL
042  00  00
043  42 STO
044  08  08
045  76 LBL
046  23 LNX
047  73 RC*
```

```
048  03  03
049  50  I×I
050  44  SUM
051  11  11
052  01  1
053  44  SUM
054  03  03
055  97  DSZ
056  08  08
057  23  LNX
058  43  RCL
059  11  11
060  77  GE
061  00  00
062  69  69
063  00  0
064  42  STD
065  11  11
066  61  GTD
067  00  00
068  73  73
069  32  X:T
070  00  0
071  42  STD
072  11  11
073  97  DSZ
074  09  09
075  22  INV
076  32  X:T
077  42  STD
078  11  11
079  76  LBL
080  24  CE
081  43  RCL
082  00  00
083  75  -
084  01  1
085  95  =
086  42  STD
087  04  04
088  43  RCL
089  01  01
090  42  STD
091  05  05
092  85  +
093  01  1
094  95  =
095  42  STD
096  03  03
097  00  0
098  32  X:T
099  73  RC*
100  05  05
101  22  INV
102  67  EQ
103  25  CLR
104  99  PRT
105  91  R/S
106  76  LBL
107  25  CLR
108  73  RC*
109  05  05
110  22  INV
111  64  PD*
112  03  03
113  01  1
114  44  SUM
115  03  03
116  97  DSZ
117  04  04
118  25  CLR
119  43  RCL
120  01  01
121  85  +
122  43  RCL
123  00  00
124  95  =
125  42  STD
126  04  04
127  85  +
128  01  1
129  95  =
130  42  STD
131  05  05
132  42  STD
133  06  06
134  43  RCL
135  01  01
136  85  +
137  01  1
138  95  =
139  42  STD
140  03  03
141  43  RCL
142  00  00
143  75  -
144  01  1
145  95  =
146  42  STD
147  07  07
148  76  LBL
149  32  X:T
150  43  RCL
151  00  00
152  75  -
153  43  RCL
154  07  07
155  95  =
156  42  STD
157  08  08
158  01  1
159  42  STD
160  10  10
161  76  LBL
162  33  X²
163  43  RCL
164  10  10
165  42  STD
166  09  09
167  76  LBL
168  34  ΓX
169  73  RC*
170  03  03
171  65  ×
172  73  RC*
173  04  04
174  95  =
175  22  INV
176  74  SM*
177  05  05
178  43  RCL
179  00  00
180  44  SUM
181  03  03
182  01  1
183  44  SUM
184  04  04
185  97  DSZ
186  09  09
187  34  ΓX
188  43  RCL
189  10  10
190  65  ×
191  43  RCL
192  00  00
193  75  -
194  01  1
195  95  =
196  22  INV
197  44  SUM
198  03  03
199  43  RCL
200  10  10
201  22  INV
202  44  SUM
203  04  04
204  01  1
205  44  SUM
206  05  05
207  44  SUM
208  10  10
209  97  DSZ
210  08  08
211  33  X²
212  43  RCL
213  07  07
214  75  -
215  01  1
216  95  =
217  42  STD
210  00  00
219  67  EQ
220  77  GE
221  76  LBL
222  35  1/X
223  43  RCL
224  00  00
225  75  -
226  43  RCL
227  07  07
228  95  =
229  42  STD
230  09  09
231  76  LBL
232  42  STD
233  73  RC*
234  03  03
235  65  ×
236  73  RC*
237  04  04
238  95  =
239  22  INV
240  74  SM*
241  05  05
242  43  RCL
243  00  00
244  44  SUM
245  03  03
246  01  1
247  44  SUM
248  04  04
249  97  DSZ
250  09  09
251  42  STD
252  73  RC*
253  06  06
254  22  INV
255  67  EQ
256  39  CDS
257  14  D
258  91  R/S
259  76  LBL
260  39  CDS
261  22  INV
262  64  PD*
263  05  05
264  53  (
265  43  RCL
266  03  03
267  75  -
268  43  RCL
269  07  07
270  54  )
271  22  INV
272  44  SUM
273  04  04
274  65  ×
275  43  RCL
276  00  00
277  75  -
278  01  1
279  95  =
280  22  INV
281  44  SUM
282  03  03
283  01  1
284  44  SUM
285  05  05
286  97  DSZ
287  08  08
288  35  1/X
289  43  RCL
290  05  05
291  42  STD
292  04  04
293  01  1
294  44  SUM
295  05  05
```

```
296  43  RCL
297  01   01
298  85   +
299  01   1
300  95   =
301  42  STO
302  03   03
303  43  RCL
304  00   00
305  85   +
306  01   1
307  95   =
308  44  SUM
309  06   06
310  97  DSZ
311  07   07
312  32  X:T
313  76  LBL
314  77   GE
315  00   0
316  42  STO
317  13   13
318  43  RCL
319  00   00
320  75   -
321  01   1
322  95   =
323  42  STO
324  08   08
325  43  RCL
326  01   01
327  85   +
328  01   1
329  95   =
330  42  STO
331  03   03
332  76  LBL
333  43  RCL
334  43  RCL
335  08   08
336  42  STO
337  09   09
338  76  LBL
339  44  SUM
340  73  RC*
341  03   03
342  50  I×I
343  44  SUM
344  13   13
345  01   1
346  44  SUM
347  03   03
348  97  DSZ
349  09   09
350  44  SUM
351  43  RCL
352  13   13
353  77   GE
354  81  RST
355  00   0
356  00   0
357  42  STO
358  13   13
359  61  GTO
360  91  R/S
361  76  LBL
362  81  RST
363  32  X:T
364  00   0
365  42  STO
366  13   13
367  76  LBL
368  91  R/S
369  43  RCL
370  00   00
371  85   +
372  01   1
373  75   -
374  43  RCL
375  08   08
376  95   =
377  44  SUM
378  03   03
379  97  DSZ
380  08   08
381  43  RCL
382  32  X:T
383  42  STO
384  13   13
385  43  RCL
386  11   11
387  65   ×
388  43  RCL
389  12   12
390  95   =
391  32  X:T
392  43  RCL
393  13   13
394  22  INV
395  77   GE
396  13   C
397  43  RCL
398  01   01
399  85   +
400  43  RCL
401  00   00
402  33  X²
403  75   -
404  01   1
405  95   =
406  42  STO
407  03   03
408  75   -
409  43  RCL
410  00   00
411  95   =
412  42  STO
413  04   04
414  85   +
415  43  RCL
416  00   00
417  33  X²
418  95   =
419  42  STO
420  05   05
421  01   1
422  42  STO
423  06   06
424  42  STO
425  14   14
426  43  RCL
427  00   00
428  42  STO
429  07   07
430  75   -
431  01   1
432  95   =
433  42  STO
434  08   08
435  00   0
436  32  X:T
437  76  LBL
438  45  Y^X
439  00   0
440  72  ST*
441  05   05
442  43  RCL
443  06   06
444  75   -
445  43  RCL
446  14   14
447  95   =
448  22  INV
449  77   GE
450  38  SIN
451  43  RCL
452  14   14
453  42  STO
454  09   09
455  42  STO
456  10   10
457  61  GTO
458  52  EE
459  76  LBL
460  38  SIN
461  43  RCL
462  06   06
463  42  STO
464  09   09
465  42  STO
466  10   10
467  76  LBL
468  52  EE
469  73  RC*
470  03   03
471  65   ×
472  73  RC*
473  04   04
474  95   =
475  74  SM*
476  05   05
477  43  RCL
478  00   00
479  22  INV
480  44  SUM
481  03   03
482  01   1
483  22  INV
484  44  SUM
485  04   04
486  97  DSZ
487  09   09
488  52  EE
489  43  RCL
490  10   10
491  44  SUM
492  04   04
493  65   ×
494  43  RCL
495  00   00
496  95   =
497  44  SUM
498  03   03
499  01   1
500  44  SUM
501  14   14
502  43  RCL
503  00   00
504  22  INV
505  44  SUM
506  04   04
507  22  INV
508  44  SUM
509  05   05
510  97  DSZ
511  08   08
512  45  Y^X
513  01   1
514  42  STO
515  14   14
516  44  SUM
517  06   06
518  22  INV
519  44  SUM
520  03   03
521  75   -
522  43  RCL
523  00   00
524  33  X²
525  85   +
526  43  RCL
527  00   00
528  95   =
529  22  INV
530  44  SUM
531  05   05
532  43  RCL
533  01   01
534  85   +
535  43  RCL
536  00   00
537  33  X²
538  75   -
539  43  RCL
540  00   00
541  75   -
542  01   1
543  95   =
```

```
544  42  STO
545  04   04
546  43  RCL
547  00   00
548  75   -
549  01   1
550  95   =
551  42  STO
552  08   08
553  97  DSZ
554  07   07
555  45  YX
556  43  RCL
557  01   01
558  85   +
559  01   1
560  95   =
561  42  STO
562  03   03
563  85   +
564  43  RCL
565  00   00
566  33  X²
567  95   =
568  42  STO
569  04   04
570  43  RCL
571  00   00
572  75   -
573  01   1
574  95   =
575  42  STO
576  08   08
577  76  LBL
578  53   (
579  43  RCL
580  08   08
581  42  STO
582  09   09
583  76  LBL
584  54   )
585  73  RC*
586  04   04
587  72  ST*
588  03   03
589  01   1
590  44  SUM
591  03   03
592  44  SUM
593  04   04
594  97  DSZ
595  09   09
596  54   )
597  43  RCL
598  00   00
599  85   +
600  01   1
601  75   -
602  43  RCL
603  08   08
604  95   =
605  44  SUM
606  03   03
607  44  SUM
608  04   04
609  97  DSZ
610  08   08
611  53   (
612  43  RCL
613  01   01
614  42  STO
615  03   03
616  85   +
617  43  RCL
618  00   00
619  33  X²
620  95   =
621  42  STO
622  04   04
623  43  RCL
624  00   00
625  75   -
626  01   1
627  95   =
628  42  STO
629  08   08
630  76  LBL
631  55   ÷
632  43  RCL
633  00   00
634  75   -
635  43  RCL
636  08   08
637  95   =
638  42  STO
639  09   09
640  76  LBL
641  61  GTO
642  73  RC*
643  04   04
644  74  SM*
645  03   03
646  01   1
647  44  SUM
648  03   03
649  44  SUM
650  04   04
651  97  DSZ
652  09   09
653  61  GTO
654  43  RCL
655  01   01
656  85   +
657  53   (
658  43  RCL
659  00   00
660  75   -
661  43  RCL
662  08   08
663  54   )
664  65   ×
665  43  RCL
666  00   00
667  95   =
668  42  STO
669  03   03
670  85   +
671  43  RCL
672  00   00
673  33  X²
674  95   =
675  42  STO
676  04   04
677  97  DSZ
678  08   08
679  55   ÷
680  97  DSZ
681  02   02
682  24  CE
683  76  LBL
684  13   C
685  43  RCL
686  00   00
687  42  STO
688  09   09
689  43  RCL
690  01   01
691  42  STO
692  03   03
693  76  LBL
694  94  +/-
695  73  RC*
696  03   03
697  91  R/S
698  01   1
699  85   +
700  43  RCL
701  00   00
702  95   =
703  44  SUM
704  03   03
705  97  DSZ
706  09   09
707  94  +/-
708  91  R/S
```

3.4 Iteration in einer Variablen

Gegeben sei eine kontrahierende Abbildung f, die der Lipschitzbedingung

$$|f(x) - f(y)| < L \cdot |x - y|$$

mit $0 < L < 1$ für $x, y \in [a, b]$ genügt. Das Programm liefert den Fixpunkt $s = f(s)$ als Grenzwert der Folge

$$x_{i+1} = f(x_i); \quad i = 0, 1, \ldots$$

für jeden Startwert $x_0 \in [a, b]$. Es bricht ab, falls die Höchstzahl N von Iterationen durchgeführt wurde oder falls für vorzugebendes $\epsilon > 0$ gilt:

$$|x_i - x_{i-1}| \leq \epsilon \cdot \frac{1-L}{L}.$$

Die Abbildung f wird als Unterprogramm eingegeben. Dabei ist folgendes zu beachten:

1. Die Funktionsvorschrift f (x) ist in Klammern einzuschließen.
2. Für x ist RCL 00 zu setzen.
3. Die Taste = darf nicht verwendet werden.
4. Die Eingabe der Funktionsvorschrift ist mit INV SBR abzuschließen.

Programminstruktionen

	Verfahren	Eingabe	Taste	Anzeige
1	Magnetkarte einlesen (Block 1)			1
2	Eingabe der Funktionsvorschrift		GTO	
			x^2	
			LRN	056 00
			(	057 00
			⋮	⋮ ⋮
			)	XXX 00
			INV	XXX 00
			SBR	XXX 00
			LRN	1
3	Programmbeginn		A	1
4	Eingabe von x_0, L, ϵ, N	x_0	R/S	x_0
		L	R/S	L
		ϵ	R/S	ϵ
		N	R/S	
5	Ergebnisanzeige			s

Registerinhalte

$R_{00}, \ldots, R_{04}$: Programmzeiger

Beispiel

Gesucht ist $s = f(s)$ mit $f(x) = \frac{\cos x}{2}$ im Intervall $[0, \frac{\pi}{2}]$, $\epsilon = 10^{-10}$ und $N = 10$.

Dabei sei $L = 0.5$, denn es gilt $|f'(x)| = \left|\frac{-\sin x}{2}\right| \leq 0.5$

Anmerkungen	Eingabe	Taste	Anzeige
Umschalten auf Bogenmaß		2nd	
		Rad	
Magnetkarte einlesen (Block 1)			1
Eingabe von f (x)		GTO	
		x^2	
		LRN	056 00
		(	057 00
		RCL	058 00
		00	059 00
		2nd	059 00
		cos	060 00
		÷	061 00
		2	062 00
		)	063 00
		INV	064 00
		SBR	064 00
		LRN	1
Programmbeginn		A	1
Eingabe von: x_0	0.1	R/S	0.1
L	0.5	R/S	0.5
ϵ	1	EE	1 00
	−10		1 −10
		R/S	1 −10
		INV	
		EE	.0000000001
N	10	R/S	
Anzeige von: s			.4501835576

Programm 3.4	Iteration in einer Variablen

```
000  76 LBL
001  11  A
002  91 R/S
003  42 STO
004  00  00
005  91 R/S
006  42 STO
007  01  01
008  91 R/S
009  42 STO
010  02  02
011  91 R/S
012  42 STO
013  03  03
014  43 RCL
015  02  02
016  65  ×
017  53  (
018  01  1
019  75  -
020  43 RCL
021  03  03
022  54  )
023  55  ÷
024  43 RCL
025  03  03
026  95  =
027  32 X:T
028  76 LBL
029  13  C
030  71 SBR
031  33 X²
032  42 STO
033  04  04
034  75  -
035  43 RCL
036  00  00
037  95  =
038  50 I×I
039  22 INV
040  77  GE
041  14  D
042  43 RCL
043  04  04
044  42 STO
045  00  00
046  97 DSZ
047  03  03
048  13  C
049  76 LBL
050  14  D
051  43 RCL
052  04  04
053  91 R/S
054  76 LBL
055  33 X²
```

3.5 Steffensen-Iteration

Gegeben sei eine in [a, b] kontrahierende Abbildung f. Dann konvergiert die Folge

$$x_{i+1} = x_i - \frac{(f(x_i) - x_i)}{f(f(x_i)) - 2f(x_i) + x_i} \cdot (f(x_i) - x_i) \qquad i = 0, 1, \ldots$$

gegen den Fixpunkt $s = f(s)$ von f. Vorzugeben ist eine Toleranz $\eta > 0$ und die Höchstzahl N von Iterationen. Das Programm bricht bereits nach weniger als N Schritten ab, wenn

$$|x_{i+1} - x_i| < \eta$$

ist. Die Abbildung f wird als Unterprogramm eingegeben. Dabei ist folgendes zu beachten:

1. Die Funktionsvorschrift f(x) ist in Klammern einzuschließen.
2. Für x ist RCL 00 zu setzen.
3. Die Taste = darf nicht verwendet werden.
4. Die Eingabe der Funktionsvorschrift ist mit INV SBR abzuschließen.

Programminstruktionen

	Verfahren	Eingabe	Taste	Anzeige
1	Magnetkarte einlesen (Block 1)			1
2	Eingabe der Funktionsvorschrift f(x)		GTO	
			x^2	
			LRN	077 00
			(	078 00
			⋮	⋮ ⋮
			)	XXX 00
			INV	XXX 00
			SBR	XXX 00
			LRN	1
3	Programmbeginn		A	1
4	Eingabe von x_0, η, N	x_0	R/S	x_0
		η	R/S	η
		N	R/S	
5	Ergebnisanzeige			s

Registerinhalte

$R_{00}, \ldots, R_{05}$: Programmzeiger

Beispiel

Gesucht ist der Fixpunkt $s = f(s)$ von $f(x) = \frac{\cos x}{2}$ im Intervall $[0, \frac{\pi}{2}]$ mit $\eta = 10^{-10}$, $N = 10$ und dem Startwert $x_0 = 0.1$.

Anmerkungen		Eingabe	Taste	Anzeige
Umschalten auf Bogenmaß			2nd	
			Rad	
Magnetkarte einlesen (Block 1)				1
Eingabe der Funktionsvorschrift f(x)			GTO	
			x^2	
			LRN	077 00
			(	078 00
			RCL	079 00
			00	080 00
			2nd	080 00
			cos	081 00
			÷	082 00
			2	083 00
			)	084 00
			INV	085 00
			SBR	085 00
			LRN	1
Programmbeginn			A	1
Eingabe von:	x_0	0.1	R/S	0.1
	η	1	EE	1 00
		–10	R/S	0 00
			INV	
			EE	0
	N	10	R/S	
Anzeige von:	s			.4501835576

Programm 3.5	Steffensen-Iteration

```
000  76 LBL     019  04  04     038  75  -      057  01  01
001  11  A      020  42 STO     039  02  2      058  22 INV
002  91 R/S     021  03  03     040  65  ×      059  44 SUM
003  42 STO     022  71 SBR     041  43 RCL     060  00  00
004  00  00     023  33 X²      042  04  04     061  43 RCL
005  91 R/S     024  42 STO     043  85  +      062  01  01
006  32 X⇌T     025  05  05     044  43 RCL     063  50 I×I
007  91 R/S     026  53  (      045  00  00     064  22 INV
008  42 STO     027  53  (      046  54  )      065  77  GE
009  02  02     028  43 RCL     047  65  ×      066  13  C
010  76 LBL     029  04  04     048  53  (      067  97 DSZ
011  12  B      030  75  -      049  43 RCL     068  02  02
012  43 RCL     031  43 RCL     050  04  04     069  12  B
013  00  00     032  00  00     051  75  -      070  76 LBL
014  42 STO     033  54  )      052  43 RCL     071  13  C
015  03  03     034  55  ÷      053  00  00     072  43 RCL
016  71 SBR     035  53  (      054  54  )      073  00  00
017  33 X²      036  43 RCL     055  54  )      074  91 R/S
018  42 STO     037  05  05     056  42 STO     075  76 LBL
                                                076  33 X²
```

3.6 Das Newton-Verfahren

Ist s einfache Nullstelle der differenzierbaren Funktion g, so existiert eine Umgebung von s, so daß die Folge

$$x_{i+1} = x_i - \frac{g(x_i)}{g'(x_i)}; \quad i = 0, 1, \ldots$$

für jeden Startwert x_0 aus dieser Umgebung gegen s konvergiert. Vorzugeben ist eine Toleranz $\eta > 0$ und die Höchstzahl N von Iterationsschritten. Das Programm bricht bereits nach weniger als N Schritten ab, wenn

$$\left| \frac{g(x_i)}{g'(x_i)} \right| < \eta$$

ist. Die Funktion g/g' wird als Unterprogramm eingegeben. Dabei ist folgendes zu beachten:

1. Die Funktionsvorschrift g(x)/g'(x) ist in Klammern einzuschließen.
2. Für x ist RCL 00 zu setzen.
3. Die Taste = darf nicht verwendet werden.
4. Die Eingabe der Funktionsvorschrift ist mit INV SBR abzuschließen.

Programminstruktionen

	Verfahren	Eingabe	Taste	Anzeige
1	Magnetkarte einlesen (Block 1)			1
2	Eingabe der Funktionsvorschrift g(x)/g'(x)		GTO	
			x^2	
			LRN	035 00
			(	036 00
			⋮	⋮ ⋮
			)	XXX 00
			INV	XXX 00
			SBR	XXX 00
			LRN	1
3	Programmbeginn		A	1
4	Eingabe von x_0, η, N	x_0	R/S	x_0
		η	R/S	0
		N	R/S	
5	Ergebnisanzeige			s

Registerinhalte

$R_{00}, \ldots, R_{02}$: Programmzeiger

Beispiel

Gesucht ist eine Nullstelle von $g(x) = x - \cos x$ mit $N = 5$, $x_0 = 0.5$ und $\eta = 10^{-10}$. Es ist

$$\frac{g(x)}{g'(x)} = \frac{x - \cos x}{1 + \sin x}$$

Anmerkungen	Eingabe	Taste	Anzeige
Umschalten auf Bogenmaß		2nd	
		Rad	
Magnetkarte einlesen (Block 1)			1
Eingabe der Funktionsvorschrift $g(x)/g'(x)$		GTO	
		x^2	
		LRN	035 00
		(	036 00
		(	037 00
		RCL	038 00
		00	039 00
		−	040 00
		RCL	041 00
		00	042 00
		2nd	042 00
		cos	043 00
		)	044 00
		÷	045 00
		(	046 00
		1	047 00
		+	048 00
		RCL	049 00
		00	050 00
		2nd	050 00
		sin	051 00
		)	052 00
		)	053 00
		INV	054 00
		SBR	054 00
		LRN	1
Programmbeginn		A	1
Eingabe von: x_0	0.5	R/S	0.5
η	1	EE	1 00
	−10	R/S	0 00
		INV	
		EE	0
N	5	R/S	
Anzeige von: s			.7390851332

Programm 3.6	Das Newton-Verfahren

```
000  76  LBL
001  11   A
002  91  R/S
003  42  STO
004  00   00
005  91  R/S
006  32  X:T
007  91  R/S
008  42  STO
009  01   01
010  76  LBL
011  12   B
012  71  SBR
013  33  X²
014  42  STO
015  02   02
016  22  INV
017  44  SUM
018  00   00
019  43  RCL
020  02   02
021  50  I×I
022  22  INV
023  77   GE
024  13   C
025  97  DSZ
026  01   01
027  12   B
028  76  LBL
029  13   C
030  43  RCL
031  00   00
032  91  R/S
033  76  LBL
034  33  X²
```

3.7 Regula falsi

Ist s Nullstelle der Funktion g und liegen die Startwerte x_0 und x_1 genügend nah bei s, so konvergiert die Folge

$$x_{i+1} = x_i - \frac{x_i - x_{i-1}}{g(x_i) - g(x_{i-1})} g(x_i); \qquad i = 1, 2, \ldots$$

gegen s. Die Toleranz $\eta > 0$ und die Maximalzahl N von Iterationen sind vorzugeben. Das Programm bricht ab, wenn

$$\left| \frac{x_i - x_{i-1}}{g(x_i) - g(x_{i-1})} \right| < \eta$$

ist oder N Iterationsschritte durchgeführt wurden. Die Funktion g wird als Unterprogramm eingegeben. Dabei ist folgendes zu beachten:

1. Die Funktionsvorschrift g(x) ist in Klammern einzuschließen.
2. Für x ist RCL 00 zu setzen.
3. Die Taste = darf nicht verwendet werden.
4. Die Eingabe der Funktionsvorschrift ist mit INV SBR abzuschließen.

Programminstruktionen

	Verfahren	Eingabe	Taste	Anzeige
1	Magnetkarte einlesen (Block 1)			1
2	Eingabe der Funktionsvorschrift g(x)		GTO	
			x^2	
			LRN	074 00
			(	075 00
			:	: :
			:	: :
			)	XXX 00
			INV	XXX 00
			SBR	XXX 00
			LRN	1

	Verfahren	Eingabe	Taste	Anzeige
3	Programmbeginn		A	1
4	Eingabe von x_0, x_1, η, N	x_0	R/S	x_0
		x_1	R/S	x_1
		η	R/S	0
		N	R/S	
5	Ergebnisanzeige			s

Registerinhalte

$R_{00}, \ldots, R_{04}$: Programmzeiger

Beispiel

Gesucht ist eine Nullstelle von $g(x) = x - \cos x$ mit $x_0 = 0.4$, $x_1 = 0.5$, $\eta = 10^{-10}$ und N = 10.

Anmerkungen	Eingabe	Taste	Anzeige
Umschalten auf Bogenmaß		2nd	
		Rad	
Magnetkarte einlesen (Block 1)			1
Eingabe der Funktionsvorschrift g(x)		GTO	
		x^2	
		LRN	074 00
		(	075 00
		RCL	076 00
		00	077 00
		−	078 00
		RCL	079 00
		00	080 00
		2nd	080 00
		cos	081 00
		)	082 00
		INV	083 00
		SBR	083 00
		LRN	1
Programmbeginn		A	1

Anmerkungen		Eingabe	Taste	Anzeige
Eingabe von:	x_0	0.4	R/S	0.4
	x_1	0.5	R/S	0.5
	η	1	EE	1 00
		–10	R/S	0 00
			INV	
			EE	0
	N	10	R/S	
Anzeige von:	s			.7390851332

Programm 3.7	**Regula falsi**

```
76 LBL
11  A
91 R/S
42 STO
04  04
91 R/S
42 STO
01  01
91 R/S
32 X⇄T
91 R/S
42 STO
02  02
76 LBL
12  B
53  (
53  (
43 RCL
01  01
75  -
43 RCL
04  04
54  )
55  ÷
53  (
43 RCL
01  01
71 SBR
34 ΓX
42 STO
03  03
75  -
43 RCL
04  04
71 SBR
34 ΓX
54  )
65  ×
43 RCL
03  03
54  )
42 STO
03  03
22 INV
44 SUM
01  01
43 RCL
03  03
50 I×I
22 INV
77  GE
13  C
43 RCL
01  01
85  +
43 RCL
03  03
95  =
42 STO
04  04
97 DSZ
02  02
12  B
76 LBL
13  C
43 RCL
01  01
91 R/S
76 LBL
34 ΓX
42 STO
00  00
76 LBL
33 X²
```

3.8 Das Horner-Schema

Zur Auswertung eines Polynoms

$$\text{pol}(\lambda) = a_0\lambda^n + a_1\lambda^{n-1} + \ldots + a_n$$

an einer Stelle $\lambda = \lambda_0$ schreibt man zweckmäßigerweise

$$p := \text{pol}(\lambda_0) = (\ldots(a_0\lambda_0 + a_1)\cdot\lambda_0 + a_2)\cdot\lambda_0\ldots + a_{n-1})\cdot\lambda_0 + a_n$$

und arbeitet die Klammern von innen nach außen ab. Das Programm hat so nur Additionen und Multiplikationen mit dem festen Faktor $\lambda = \lambda_0$ durchzuführen. Eingegeben werden nur die Koeffizienten $a_0, \ldots, a_n$ von pol(λ).

Beachte: a_0 ist der Koeffizient von λ^n!

Programminstruktionen

	Verfahren	Eingabe	Taste	Anzeige
1	Magnetkarte einlesen (Block 1)			1
2	Programmbeginn		A	1
3	Eingabe von n; $a_0, a_1, \ldots, a_n$	n	R/S	0
		a_0	R/S	1
		a_1	R/S	2
		⋮	⋮	⋮
		a_n	R/S	n+1
4	Ende der Koeffizienteneingabe		B	n+1
5	Eingabe von λ_0	λ_0	R/S	
6	Ergebnisanzeige			p

Registerinhalte

$R_{00}, \ldots, R_{05}$: Programmzeiger
$R_{06}, \ldots, R_{n+6}$: $a_0, a_1, \ldots, a_n$

Beispiel

Zu berechnen ist der Funktionswert des Polynoms

$$\text{pol}(\lambda) = -\lambda^3 + 3\lambda^2 + 4\lambda - 2$$

an den Stellen $\lambda_0 = 0.5$ und $\lambda_1 = 1.5$

Anmerkungen	Eingabe	Taste	Anzeige
Magnetkarte einlesen (Block 1)			1
Programmbeginn		A	1
Eingabe von: n	3	R/S	0
a_0	−1	R/S	1
a_1	3	R/S	2
a_2	4	R/S	3
a_3	−2	R/S	4
Ende der Koeffizienteneingabe		B	4
Eingabe von: λ_0	0.5	R/S	
Anzeige von: $p_0 = \text{pol}(\lambda_0)$			0.625
anderes Argument		B	0.625
Eingabe von: λ_1	1.5	R/S	
Anzeige von: $p_1 = \text{pol}(\lambda_1)$			7.375

Programm 3.8	Das Horner-Schema

```
000  76 LBL
001  11  A
002  91 R/S
003  42 STO
004  00  00
005  00  0
006  42 STO
007  02  02
008  06  6
009  42 STO
010  05  05
011  76 LBL
012  33 X²
013  43 RCL
014  02  02
015  91 R/S
016  72 ST*
017  05  05
018  01  1
019  44 SUM
020  05  05
021  44 SUM
022  02  02
023  61 GTO
024  33 X²
025  76 LBL
026  12  B
027  91 R/S
028  42 STO
029  02  02
030  07  7
031  42 STO
032  04  04
033  43 RCL
034  00  00
035  42 STO
036  01  01
037  43 RCL
038  06  06
039  42 STO
040  03  03
041  76 LBL
042  34 ΓX
043  43 RCL
044  02  02
045  49 PRD
046  03  03
047  73 RC*
048  04  04
049  44 SUM
050  03  03
051  01  1
052  44 SUM
053  04  04
054  97 DSZ
055  01  01
056  34 ΓX
057  43 RCL
058  03  03
059  91 R/S
```

3.9 Das erweiterte Horner-Schema

Das erweiterte Horner-Schema liefert außer dem Funktionswert p des Polynoms

$$\mathrm{pol}(\lambda) = a_0\lambda^n + a_1\lambda^{n-1} + \ldots + a_n$$

(siehe 3.8 „Das Horner-Schema") auch den Wert der Ableitung $q = \mathrm{pol}'(\lambda)$ an der Stelle $\lambda = \lambda_0$. Eingegeben werden nur die Koeffizienten $a_0, \ldots, a_n$ von $\mathrm{pol}(\lambda)$.

Beachte: a_0 ist der Koeffizient von λ^n!

Programminstruktionen

	Verfahren	Eingabe	Taste	Anzeige
1	Magnetkarte einlesen (Block 1)			1
2	Programmbeginn		A	1
3	Eingabe von n; $a_0, a_1, \ldots, a_n$	n	R/S	0
		a_0	R/S	1
		a_1	R/S	2
		:	:	:
		a_n	R/S	n+1
4	Ende der Koeffizienteneingabe		B	n+1
5	Eingabe von λ_0	λ_0	R/S	
6	Ergebnisanzeige			p
			R/S	q

Registerinhalte

$R_{00}, \ldots, R_{06}$: Programmzeiger

$R_{07}, \ldots, R_{n+7}$: $a_0, a_1, \ldots, a_n$

Beispiel

Gesucht sind Funktionswerte und 1. Ableitungen des Polynoms

$$\text{pol}(\lambda) = -\lambda^3 + 3\lambda^2 + 4\lambda - 2$$

an den Stellen $\lambda_0 = -1.5$ und $\lambda_1 = 2.5$

Anmerkungen	Eingabe	Taste	Anzeige
Magnetkarte einlesen (Block 1)			1
Programmbeginn		A	1
Eingabe von: n	3	R/S	0
a_0	−1	R/S	1
a_1	3	R/S	2
a_2	4	R/S	3
a_3	−2	R/S	4
Ende der Koeffizienteneingabe		B	4
Eingabe von: λ_0	−1.5	R/S	
Anzeige von: $p_0 = \text{pol}(\lambda_0)$			2.125
$q_0 = \text{pol}'(\lambda_0)$		R/S	−11.75
anderes Argument		B	−11.75
Eingabe von: λ_1	2.5	R/S	
Anzeige von: $p_1 = \text{pol}(\lambda_1)$			11.125
$q_1 = \text{pol}'(\lambda_1)$		R/S	0.25

Programm 3.9	Das erweiterte Horner-Schema

```
000  76 LBL     018  01  1      036  03  03     055  02  02
001  11  A      019  44 SUM     037  08  8      056  49 PRD
002  91 R/S     020  06  06     038  42 STO     057  04  04
003  42 STO     021  44 SUM     039  05  05     058  73 RC*
004  00  00     022  02  02     040  43 RCL     059  05  05
005  00  0      023  61 GTO     041  07  07     060  44 SUM
006  42 STO     024  33 X²      042  42 STO     061  04  04
007  02  02     025  76 LBL     043  04  04     062  01  1
008  07  7      026  12  B      044  76 LBL     063  44 SUM
009  42 STO     027  91 R/S     045  34 ΓX      064  05  05
010  06  06     028  42 STO     046  43 RCL     065  97 DSZ
011  76 LBL     029  02  02     047  02  02     066  01  01
012  33 X²      030  43 RCL     048  49 PRD     067  34 ΓX
013  43 RCL     031  00  00     049  03  03     068  43 RCL
014  02  02     032  42 STO     050  43 RCL     069  04  04
015  91 R/S     033  01  01     051  04  04     070  91 R/S
016  72 ST*     034  00  0      052  44 SUM     071  43 RCL
017  06  06     035  42 STO     053  03  03     072  03  03
                                054  43 RCL     073  91 R/S
```

3.10 Einfache Nullstellen von Polynomen

Einfache Nullstellen s eines Polynoms

$$\mathrm{pol}(\lambda) = a_0\lambda^n + a_1\lambda^{n-1} + \ldots + a_n$$

bestimmt man durch das Iterationsverfahren von Newton (siehe 3.6 „Das Newton-Verfahren"):

$$\lambda_{i+1} = \lambda_i - \frac{\mathrm{pol}(\lambda_i)}{\mathrm{pol}'(\lambda_i)}; \quad i = 0, 1, \ldots$$

Dabei ist λ_0 ein geeigneter Startwert. Der Quotient

$$q := \frac{\mathrm{pol}(\lambda_i)}{\mathrm{pol}'(\lambda_i)}$$

wird im erweiterten Horner-Schema bestimmt (siehe 3.9 „Das erweiterte Horner-Schema"). Eingegeben werden neben den Koeffizienten $a_0, \ldots, a_n$ und dem Startwert λ_0 eine Toleranz $\epsilon > 0$ und die Höchstzahl N von Iterationen. Das Programm bricht nach weniger als N Schritten ab, wenn

$$|q| < \epsilon \qquad \text{ist.}$$

Beachte: a_0 ist der Koeffizient von λ^n!

Programminstruktionen

	Verfahren	Eingabe	Taste	Anzeige
1	Magnetkarte einlesen (Block 1)			1
2	Programmbeginn		A	1
3	Eingabe von $n, \epsilon, a_0, \ldots, a_n$	n	R/S	n
		ϵ	R/S	0
		a_0	R/S	1
		a_1	R/S	2
		⋮	⋮	⋮
		a_n	R/S	n+1
4	Ende der Koeffizienteneingabe		B	n+1
5	Eingabe von λ_0 und N	λ_0	R/S	λ_0
		N	R/S	
6	Ergebnisanzeige			s

Registerinhalte

$R_{00}, \ldots, R_{07}$: Programmzeiger
$R_{08}, \ldots, R_{n+8}$: $a_0, a_1, \ldots, a_n$

Beispiel

Gesucht sind die Nullstellen s_1, s_2, s_3 von

$$\text{pol}(\lambda) = -\lambda^3 + 3\lambda^2 + 4\lambda - 2$$

und den Startwerten $\lambda_{01} = -1$, $\lambda_{02} = 1$, $\lambda_{03} = 5$ und $\epsilon = 10^{-10}$

Anmerkungen		Eingabe	Taste	Anzeige
Magnetkarte einlesen (Block 1)				1
Programmbeginn			A	1
Eingabe von:	n	3	R/S	3
	ϵ	1	EE	1 00
		−10	R/S	0 00
			INV	
			EE	0
	a_0	−1	R/S	1
	a_1	3	R/S	2
	a_2	4	R/S	3
	a_3	−2	R/S	4
Ende der Koeffizienteneingabe			B	4
Eingabe von:	$\lambda_{0\,1}$	−1	R/S	−1
	N	10	R/S	
Anzeige von:	s_1			−1.292401585
anderer Startwert			B	−1.292401585
Eingabe von:	$\lambda_{0\,2}$	1	R/S	1
	N	10	R/S	
Anzeige von:	s_2			.3972950693
anderer Startwert			B	.3972950693
Eingabe von:	$\lambda_{0\,3}$	5	R/S	5
	N	10	R/S	
Anzeige von:	s_3			3.895106516

Programm 3.10	Einfache Nullstellen von Polynomen

```
000  76 LBL
001  11  A
002  91 R/S
003  42 STO
004  00  00
005  91 R/S
006  32 X⇄T
007  00  0
008  42 STO
009  02  02
010  08  8
011  42 STO
012  07  07
013  76 LBL
014  33 X²
015  43 RCL
016  02  02
017  91 R/S
018  72 ST*
019  07  07
020  01  1
021  44 SUM
022  07  07
023  44 SUM
024  02  02
025  61 GTO
026  33 X²
027  76 LBL
028  12  B
029  91 R/S
030  42 STO
031  02  02
```

```
91  R/S
42  STO
06   06
76  LBL
13    C
43  RCL
00   00
42  STO
01   01
00    0
42  STO
03   03
09    9
42  STO
05   05
43  RCL
08   08
42  STO
04   04
76  LBL
34  ΓX
43  RCL
02   02
49  PRD
03   03
43  RCL
04   04
44  SUM
03   03
43  RCL
02   02
49  PRD
04   04
73  RC*
05   05
44  SUM
04   04
01    1
44  SUM
05   05
97  DSZ
01   01
34  ΓX
43  RCL
03   03
22  INV
49  PRD
04   04
43  RCL
04   04
50  I×I
22  INV
77   GE
14    D
43  RCL
04   04
22  INV
44  SUM
02   02
97  DSZ
06   06
13    C
76  LBL
14    D
43  RCL
02   02
91  R/S
```

3.11 Das Verfahren von Bairstow

Hat das reelle Polynom

$$\text{pol}(\lambda) = a_0\lambda^n + a_1\lambda^{n-1} + \ldots + a_n$$

die komplexe Nullstelle μ, so ist auch die zu μ konjugiert komplexe Zahl $\bar{\mu}$ Nullstelle von pol (λ) und $(\lambda-\mu)(\lambda-\bar{\mu})$ ist ein reelles quadratisches Polynom $\lambda^2 - u\lambda - v$, das sich nach dem Euklidischen Algorithmus von pol (λ) abspalten läßt. Sind u_0 und v_0 Näherungen für u und v in $\lambda^2 - u\lambda - v$, so liefert das Programm verbesserte Näherungen $u_1 = u_0 + \Delta u$ und $v_1 = v_0 + \Delta v$.

Beachte: a_0 ist der Koeffizient von λ^n!

Programminstruktionen

	Verfahren	Eingabe	Taste	Anzeige
1	Magnetkarte einlesen (Block 1)			1
2	Programmbeginn		A	1
3	Eingabe von n, $u_0, v_0, a_0, a_1, \ldots, a_n$	n	R/S	n
		u_0	R/S	u_0
		v_0	R/S	0
		a_0	R/S	1
		a_1	R/S	2
		⋮	⋮	⋮
		a_n	R/S	n+1
4	Ende der Koeffizienteneingabe		B	
5	Anzeige von u_1 und v_1			u_1
			R/S	v_1

Registerinhalte

$R_{00}, \ldots, R_{10}$: Programmzeiger
$R_{11}, \ldots, R_{n+11}$: $a_0, \ldots, a_n$
$R_{n+12}, \ldots, R_{3n+13}$: Zwischenergebnisse

Bemerkung

Das Verfahren ist nicht auf Paare konjugiert komplexer Nullstellen beschränkt.

Beispiel

Die Näherung des quadratischen Faktors

$$\lambda^2 - u_0\lambda - v_0 = \lambda^2 - 1.8\lambda - (-2.3)$$

von

$$\mathrm{pol}(\lambda) = \lambda^4 - \lambda^3 - 6\lambda^2 + 14\lambda - 12$$

soll verbessert werden.

Anmerkungen		Eingabe	Taste	Anzeige
Magnetkarte einlesen (Block 1)				1
Programmbeginn			A	1
Eingabe von:	n	4	R/S	4
	u_0	1.8	R/S	1.8
	v_0	–2.3	R/S	0
	a_0	1	R/S	1
	a_1	–1	R/S	2
	a_2	–6	R/S	3
	a_3	14	R/S	4
	a_4	–12	R/S	5
Ende der Koeffizienteneingabe			B	
Anzeige von:	u_1			1.941934625
	v_1		R/S	–1.983128031

Es ist $u = 2$ und $v = -2$.

Programm 3.11	Das Verfahren von Bairstow

```
000  76 LBL
001  11  A
002  91 R/S
003  42 STO
004  10  10
005  91 R/S
006  42 STO
007  01  01
008  91 R/S
009  42 STO
010  02  02
011  00  0
012  42 STO
013  03  03
014  01  1
015  01  1
016  42 STO
017  04  04
018  76 LBL
019  33 X²
020  43 RCL
021  03  03
022  91 R/S
023  72 ST*
024  04  04
025  01  1
026  44 SUM
027  03  03
028  44 SUM
029  04  04
030  61 GTO
031  33 X²
032  76 LBL
033  12  B
034  43 RCL
035  10  10
036  42 STO
037  00  00
038  85  +
039  01  1
040  03  3
041  95  =
042  42 STO
043  03  03
044  42 STO
045  04  04
046  85  +
047  01  1
048  95  =
049  42 STO
050  06  06
051  43 RCL
052  11  11
053  72 ST*
054  03  03
055  01  1
056  22 INV
057  44 SUM
058  03  03
059  00  0
060  72 ST*
061  03  03
062  01  1
063  02  2
064  42 STO
065  05  05
066  02  2
067  65  ×
068  43 RCL
069  00  00
070  85  +
071  01  1
072  04  4
073  95  =
074  42 STO
075  07  07
076  00  0
077  72 ST*
078  07  07
079  43 RCL
080  07  07
081  85  +
082  01  1
083  95  =
084  42 STO
085  08  08
086  85  +
087  01  1
088  95  =
089  42 STO
090  09  09
091  00  0
092  72 ST*
093  08  08
094  76 LBL
095  34 ΓX
096  43 RCL
097  02  02
098  65  ×
099  73 RC*
100  03  03
101  85  +
102  43 RCL
103  01  01
104  65  ×
105  73 RC*
106  04  04
107  85  +
108  73 RC*
109  05  05
110  95  =
111  72 ST*
112  06  06
113  43 RCL
114  02  02
115  65  ×
116  73 RC*
117  07  07
118  85  +
119  43 RCL
120  01  01
121  65  ×
122  73 RC*
123  08  08
124  85  +
125  73 RC*
126  04  04
127  95  =
128  72 ST*
129  09  09
130  01  1
131  44 SUM
132  03  03
133  44 SUM
134  04  04
135  44 SUM
136  05  05
137  44 SUM
138  06  06
139  44 SUM
140  07  07
141  44 SUM
142  08  08
143  44 SUM
144  09  09
145  97 DSZ
146  00  00
147  34 ΓX
148  01  1
149  94 +/-
150  44 SUM
151  06  06
152  44 SUM
153  04  04
154  44 SUM
155  09  09
156  44 SUM
157  08  08
158  44 SUM
159  07  07
160  73 RC*
161  09  09
162  65  ×
163  73 RC*
164  07  07
165  75  -
166  73 RC*
167  08  08
168  33 X²
169  95  =
170  42 STO
171  05  05
172  53  (
173  73 RC*
174  06  06
175  65  ×
176  73 RC*
177  07  07
178  75  -
179  73 RC*
180  04  04
181  65  ×
182  73 RC*
183  08  08
184  54  )
185  55  ÷
186  43 RCL
187  05  05
188  95  =
189  22 INV
190  44 SUM
191  01  01
192  53  (
193  73 RC*
194  09  09
195  65  ×
196  73 RC*
197  04  04
198  75  -
199  73 RC*
200  06  06
201  65  ×
202  73 RC*
203  08  08
204  54  )
205  55  ÷
206  43 RCL
207  05  05
208  95  =
209  22 INV
210  44 SUM
211  02  02
212  43 RCL
213  01  01
214  91 R/S
215  43 RCL
216  02  02
217  91 R/S
```

3.12 Das Bernoulli-Verfahren

Ist $\text{pol}(\lambda) = \lambda^n + a_1\lambda^{n-1} + \ldots + a_n$ ein normiertes Polynom $(a_0 = 1)$ vom Grad n, so ist pol (λ) das charakteristische Polynom der Matrix

$$\begin{bmatrix} 0 & 1 & & 0 \\ & \ddots & \ddots & \\ & & \ddots & \ddots \\ 0 & & 0 & 1 \\ -a_n & \cdots & -a_2 & -a_1 \end{bmatrix}$$

und es gilt

$$\begin{bmatrix} 0 & 1 & & 0 \\ & \ddots & \ddots & \\ & & \ddots & \ddots \\ 0 & & 0 & 1 \\ -a_n & \cdots & -a_2 & -a_1 \end{bmatrix} \begin{bmatrix} y_k \\ \vdots \\ y_{k+n-2} \\ y_{k+n-1} \end{bmatrix} = \begin{bmatrix} y_{k+1} \\ \vdots \\ y_{k+n-1} \\ y_{k+n} \end{bmatrix}$$

mit

$$y_{k+n} = -\sum_{i=1}^{n} a_{n+1-i} \cdot y_{k+i-1}; \quad k = 0, 1, \ldots$$

Wählt man einen geeigneten Startvektor $[y_0, \ldots, y_{n-1}]^T$, etwa $[0, \ldots, 0, 1]^T$, und besitzt pol (λ) eine betragsgrößte Nullstelle λ_1, so konvergiert die Folge der Quotienten y_{k+1}/y_k gegen λ_1. Das Programm benutzt den oben angegebenen Startvektor und bricht nach der vorzugebenden Anzahl N von Iterationsschritten ab. Es bearbeitet auch Polynome mit $a_0 \neq 1$ und eignet sich zur Bestimmung eines Startwertes für das Programm 3.11 „Einfache Nullstellen von Polynomen".

Beachte: a_0 ist der Koeffizient von λ^n!

Programminstruktionen

	Verfahren	Eingabe	Taste	Anzeige
1	Magnetkarte einlesen (Block 1)			1
2	Programmbeginn		A	1
3	Eingabe von N, $a_0, a_1, \ldots, a_n$	N	R/S	0
		a_0	R/S	1
		a_1	R/S	2
		⋮	⋮	⋮
		a_n	R/S	n+1
4	Ende der Koeffizienteneingabe		B	
5	Anzeige von λ_1			λ_1

Registerinhalte

$R_{00}, \ldots, R_{06}$: Programmzeiger
$R_{07}, \ldots, R_{n+7}$: $a_0, a_1, \ldots, a_n$
$R_{n+8}, \ldots, R_{2n+7}$: $y_k, \ldots, y_{k+n-1}$

Beispiel

Gesucht ist in N = 5 Schritten die betragsgrößte Wurzel λ_1 von

$$\text{pol}(\lambda) = -\lambda^3 + 3\lambda^2 + 4\lambda - 2$$

Anmerkungen		Eingabe	Taste	Anzeige
Magnetkarte einlesen (Block 1)				1
Programmbeginn			A	1
Eingabe von:	N	5	R/S	0
	a_0	−1	R/S	1
	a_1	3	R/S	2
	a_2	4	R/S	3
	a_3	−2	R/S	4
Ende der Koeffizienteneingabe			B	
Anzeige von:	λ_1			3.880829016

Programm 3.12	Das Bernoulli-Verfahren

```
000  76 LBL
001  11  A
002  91 R/S
003  42 STO
004  00  00
005  00  0
006  42 STO
007  01  01
008  07  7
009  42 STO
010  02  02
011  76 LBL
012  33 X²
013  43 RCL
014  01  01
015  91 R/S
016  72 ST*
017  02  02
018  01  1
019  44 SUM
020  01  01
021  44 SUM
022  02  02
023  61 GTO
024  33 X²
025  76 LBL
026  12  B
027  01  1
028  22 INV
029  44 SUM
030  01  01
031  43 RCL
032  01  01
033  75  -
034  01  1
035  95  =
036  42 STO
037  03  03
038  76 LBL
039  34 ΓX
040  00  0
041  72 ST*
042  02  02
043  01  1
044  44 SUM
045  02  02
046  97 DSZ
047  03  03
048  34 ΓX
049  01  1
050  72 ST*
051  02  02
052  76 LBL
053  35 1/X
054  08  8
055  42 STO
056  02  02
057  43 RCL
058  01  01
059  65  ×
060  02  2
061  85  +
062  07  7
063  95  =
064  42 STO
065  03  03
066  00  0
067  42 STO
068  06  06
069  43 RCL
070  01  01
071  42 STO
072  05  05
073  76 LBL
074  42 STO
075  73 RC*
076  02  02
077  65  ×
078  73 RC*
079  03  03
080  95  =
081  44 SUM
082  06  06
083  01  1
084  44 SUM
085  02  02
086  22 INV
087  44 SUM
088  03  03
089  97 DSZ
090  05  05
091  42 STO
092  43 RCL
093  07  07
094  94 +/-
095  22 INV
```

```
096  49 PRD
097  06  06
098  43 RCL
099  01  01
100  75   -
101  01   1
102  95   =
103  42 STO
104  05  05
105  85   +
106  09   9
107  95   =
108  42 STO
109  02  02
110  85   +
111  01   1
112  95   =
113  42 STO
114  03  03
115  76 LBL
116  43 RCL
117  73 RC*
118  03  03
119  72 ST*
120  02  02
121  01   1
122  44 SUM
123  02  02
124  44 SUM
125  03  03
126  97 DSZ
127  05  05
128  43 RCL
129  43 RCL
130  06  06
131  72 ST*
132  02  02
133  97 DSZ
134  00  00
135  35 1/X
136  43 RCL
137  02  02
138  75   -
139  01   1
140  95   =
141  42 STO
142  03  03
143  73 RC*
144  03  03
145  22 INV
146  64 PD*
147  02  02
148  73 RC*
149  02  02
150  91 R/S
```

3.13 Das inverse Bernoulli-Verfahren

Ist $\lambda_n \neq 0$ betragsmäßig kleinste Nullstelle von

$$\text{pol}(\lambda) = a_0\lambda^n + a_1\lambda^{n-1} + \ldots + a_n\,,$$

so ist $\mu_n = 1/\lambda_n$ die betragsmäßig größte Nullstelle von

$$\text{rez}(\mu) = \mu^n\,\text{pol}\left(\tfrac{1}{\mu}\right) = a_0 + a_1\mu + \ldots + a_n\mu^n\,.$$

Wendet man die in 3.12 „Das Bernoulli-Verfahren" geschilderte Methode auf rez (μ) an, so konvergiert die Folge der Quotienten y_k/y_{k+1} gegen λ_n. Die Anzahl N der vom Programm durchzuführenden Iterationen ist vorzugeben.

Beachte: a_0 ist der Koeffizient von λ^n!

Programminstruktionen

	Verfahren	Eingabe	Taste	Anzeige
1	Magnetkarte einlesen (Block 1)			1
2	Programmbeginn		A	1
3	Eingabe von N, $a_0, a_1, \ldots, a_n$	N	R/S	0
		a_0	R/S	1
		a_1	R/S	2
		⋮	⋮	⋮
		a_n	R/S	n+1
4	Ende der Koeffizienteneingabe		B	
5	Ergebnisanzeige			λ_n

Registerinhalte

$R_{00}, \ldots, R_{07}$: Programmzeiger
$R_{08}, \ldots, R_{n+7}$: $a_0, \ldots, a_n$
$R_{n+8}, \ldots, R_{2n+7}$: $y_k, \ldots, y_{k+n-1}$

Beispiel

Gesucht ist in N = 5 Schritten die betragskleinste Wurzel von

$$\text{pol}(\lambda) = -\lambda^3 + 3\lambda^2 + 4\lambda - 2$$

Anmerkungen	Eingabe	Taste	Anzeige
Magnetkarte einlesen (Block 1)			1
Programmbeginn		A	1
Eingabe von: N	5	R/S	0
a_0	−1	R/S	1
a_1	3	R/S	2
a_2	4	R/S	3
a_3	−2	R/S	4
Ende der Koeffizienteneingabe		B	
Anzeige von: λ_n			.398255814

Programm 3.13	Das inverse Bernoulli-Verfahren

```
000  76  LBL
001  11   A
002  91  R/S
003  42  STO
004  00   00
005  00   0
006  42  STO
007  01   01
008  07   7
009  42  STO
010  02   02
011  76  LBL
012  33  X²
013  43  RCL
014  01   01
015  91  R/S
016  72  ST*
017  02   02
018  01   1
019  44  SUM
020  01   01
021  44  SUM
022  02   02
023  61  GTO
024  33  X²
025  76  LBL
026  12   B
027  01   1
028  22  INV
029  44  SUM
030  01   01
031  43  RCL
032  01   01
033  75   -
034  01   1
035  95   =
036  42  STO
037  03   03
038  76  LBL
039  34  √X
040  00   0
041  72  ST*
042  02   02
043  01   1
044  44  SUM
045  02   02
046  97  DSZ
047  03   03
048  34  √X
049  01   1
050  72  ST*
051  02   02
052  76  LBL
053  35  1/X
054  07   7
055  42  STO
056  02   02
057  43  RCL
058  01   01
059  42  STO
060  05   05
061  85   +
062  08   8
063  95   =
064  42  STO
065  03   03
066  00   0
067  42  STO
068  06   06
069  76  LBL
070  42  STO
071  73  RC*
072  02   02
073  65   ×
074  73  RC*
075  03   03
076  95   =
077  44  SUM
078  06   06
079  01   1
080  44  SUM
081  02   02
082  44  SUM
083  03   03
084  97  DSZ
085  05   05
086  42  STO
087  43  RCL
088  01   01
089  85   +
090  07   7
091  95   =
092  42  STO
093  02   02
094  73  RC*
095  02   02
```

```
94  +/-
22  INV
49  PRD
06   06
43  RCL
01   01
75   -
01   1
95   =
42  STO
05   05
85   +
09   9
95   =
42  STO
02   02
85   +
01   1
95   =
42  STO
03   03
76  LBL
43  RCL
73  RC*
03   03
72  ST*
02   02
01   1
44  SUM
02   02
44  SUM
03   03
97  DSZ
05   05
43  RCL
43  RCL
06   06
72  ST*
02   02
97  DSZ
00   00
35  1/X
43  RCL
02   02
75   -
01   1
95   =
42  STO
03   03
73  RC*
02   02
22  INV
64  PD*
03   03
73  RC*
03   03
91  R/S
```

3.14 De QD-Algorithmus für tridiagonale Matrizen

Ist A eine tridiagonale Matrix, deren obere Nebendiagonale aus Einsen besteht

$$A = \begin{bmatrix} q_1 & 1 & & & 0 \\ e_1 q_1 & e_1 + q_2 & 1 & & \\ & \cdot & \cdot & \cdot & \\ & & \cdot & \cdot & 1 \\ 0 & & & e_{n-1} q_{n-1} & e_{n-1} + q_n \end{bmatrix}$$

und existiert die LR-Zerlegung von A, so ist

$$L R = \begin{bmatrix} 1 & & & 0 \\ e_1 & \cdot & & \\ & \cdot & \cdot & \\ 0 & & e_{n-1} & 1 \end{bmatrix} \begin{bmatrix} q_1 & 1 & & 0 \\ & \cdot & \cdot & \\ & & \cdot & 1 \\ 0 & & & q_n \end{bmatrix}$$

Berechnet man nach den Regeln

$$e_{k-1}^{(i+1)} + q_k^{(i+1)} = e_k^{(i)} + q_k^{(i)}$$

und

$$e_k^{(i+1)}\, q_k^{(i+1)} = e_k^{(i)}\, q_{k+1}^{(i)}$$

die Folgen $(q_k^{(i)})_{i=1}^{\infty}$ und $(e_k^{(i)})_{i=1}^{\infty}$, so konvergieren die e_k gegen Null und die q_k gegen die Eigenwerte von A, falls die Eigenwerte von A paarweise von verschiedenem Betrag sind. Das Programm führt eine vorzugebende Anzahl N von QD-Schritten durch; dann erfolgt die Ausgabe von $e_1^{(N)}, \ldots, e_{n-1}^{(N)};\ q_1^{(N)}, \ldots, q_n^{(N)}$. Wird im Verlauf der Rechnung eines der q_k zu Null, so hält das Programm und der Rechner zeigt dies durch eine blinkende Anzeige an. Die Ausgabe der momentanen e_k und q_k erfolgt dann nach Drücken der Taste C̲.

Programminstruktionen

	Verfahren	Eingabe	Taste	Anzeige
1	Magnetkarte einlesen (Block 1)			1
2	Programmbeginn		A	1
3	Eingabe von $e_1, \ldots, e_{n-1};\ q_1, \ldots, q_n$	e_1	R/S	2
		⋮	⋮	⋮
		e_{n-1}	R/S	n
		q_1	R/S	n+1
		⋮	⋮	⋮
		q_n	R/S	2n
4	Ende der Koeffizienteneingabe		B	2n
5	Eingabe von n und N	n	R/S	0
		N	R/S	
6	Ergebnisanzeige			$e_1^{(N)}$
			R/S	$e_2^{(N)}$
			⋮	⋮
			R/S	$e_{n-1}^{(N)}$
			R/S	$q_1^{(N)}$
			⋮	⋮
			R/S	$q_n^{(N)}$

Registerinhalte

$R_{00}, \ldots, R_{08}$: Programmzeiger
$R_{09}, \ldots, R_{n+7}$: $e_1, \ldots, e_{n-1}$
$R_{n+8}, \ldots, R_{2n+7}$: $q_1, \ldots, q_n$

Beispiel

Gesucht sind die Eigenwerte der Matrix

$$A = \begin{bmatrix} 1 & 1 & 0 \\ 1 & 2 & 1 \\ 0 & 2 & 3 \end{bmatrix} = \begin{bmatrix} 1 & 0 & 0 \\ 1 & 1 & 0 \\ 0 & 2 & 1 \end{bmatrix} \begin{bmatrix} 1 & 1 & 0 \\ 0 & 1 & 1 \\ 0 & 0 & 1 \end{bmatrix} = LR\,.$$

Es ist $e_1 = 1,\ e_2 = 2,\ q_1 = q_2 = q_3 = 1$. Es sollen 20 QD-Schritte durchgeführt werden.

Anmerkungen	Eingabe	Taste	Anzeige
Magnetkarte einlesen (Block 1)			1
Programmbeginn		A	1
Eingabe von: e_1	1	R/S	2
e_2	2	R/S	3
q_1	1	R/S	4
q_2	1	R/S	5
q_3	1	R/S	6
Ende der Koeffizienteneingabe		B	6
Eingabe von: n	3	R/S	
N	20	R/S	
Anzeige von: $e_1^{(N)}$			.0000005666
$e_2^{(N)}$		R/S	5.2804618 –22
$q_1^{(N)}$		R/S	4.114906557
$q_2^{(N)}$		R/S	1.745898729
$q_3^{(N)}$		R/S	.1391941469

Programm 3.14	**Der QD-Algorithmus für tridiagonale Matrizen**

```
76 LBL
11 A
08 8
42 STO
00 00
01 1
42 STO
01 01
00 0
72 ST*
00 00
01 1
44 SUM
00 00
76 LBL
33 X²
43 RCL
01 01
91 R/S
72 ST*
00 00
01 1
44 SUM
00 00
44 SUM
01 01
61 GTO
33 X²
76 LBL
12 B
91 R/S
42 STO
00 00
75 -
01 1
95 =
42 STO
01 01
08 8
42 STO
02 02
25 CLR
91 R/S
42 STO
07 07
76 LBL
14 D
43 RCL
00 00
75 -
01 1
95 =
42 STO
01 01
43 RCL
02 02
85 +
43 RCL
00 00
95 =
42 STO
03 03
85 +
01 1
95 =
42 STO
06 06
43 RCL
02 02
95 =
42 STO
04 04
85 +
01 1
95 =
42 STO
05 05
76 LBL
34 ΓX
73 RC*
05 05
75 -
73 RC*
04 04
95 =
74 SM*
03 03
73 RC*
03 03
67 EQ
99 PRT
73 RC*
06 06
55 ÷
73 RC*
03 03
95 =
64 PD*
05 05
01 1
44 SUM
03 03
44 SUM
04 04
44 SUM
05 05
44 SUM
06 06
```

```
108  97 DSZ
109  01  01
110  34 ΓX
111  73 RC*
112  04  04
113  22 INV
114  74 SM*
115  03  03
116  97 DSZ
117  07  07
118  14  D
119  76 LBL
120  13  C
121  25 CLR
122  02  2
123  65  ×
124  43 RCL
125  00  00
126  75  -
127  01  1
128  95  =
129  42 STO
130  03  03
131  43 RCL
132  02  02
133  85  +
134  01  1
135  95  =
136  42 STO
137  04  04
138  76 LBL
139  22 INV
140  73 RC*
141  04  04
142  91 R/S
143  01  1
144  44 SUM
145  04  04
146  97 DSZ
147  03  03
148  22 INV
149  91 R/S
```

3.15 Der QD-Algorithmus für Polynome

Beginnt man zu einem gegebenen Polynom

$$\text{pol}(\lambda) = a_0\lambda^n + a_1\lambda^{n-1} + \ldots + a_n; \qquad a_j \neq 0$$

das QD-Schema mit der horizontalen Doppelzeile

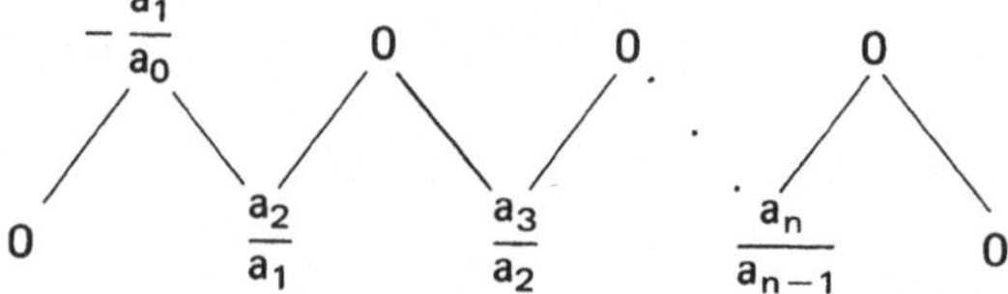

und bestimmt beginnend in der rechten oberen Ecke die Schrägzeilen nach den Rhombenregeln (siehe 3.14 „Der QD-Algorithmus für tridiagonale Matrizen"), so hat die zu einer vollständigen Schrägzeile gehörige Tridiagonalmatrix das gegebene Polynom zum charakteristischen Polynom. Das Programm führt nach Bestimmung der ersten vollständigen Schrägzeile eine vorzugebende Anzahl N von QD-Schritten durch; dann erfolgt die Ausgabe von $e_1^{(N)}, \ldots, e_{n-1}^{(N)}; q_1^{(N)}, \ldots, q_n^{(N)}$. Sind die Nullstellen von pol (λ) paarweise von verschiedenem Betrag, so konvergieren die e_k gegen Null und die q_k gegen die Nullstellen von pol (λ). Wird im Verlauf der Rechnung eines der q_k zu Null, so hält das Programm und der Rechner zeigt dies durch eine blinkende Anzeige an. Die Ausgabe der momentanen $e_1^{(i)}, \ldots, e_{n-1}^{(i)}; q_1^{(i)}, \ldots, q_n^{(i)}$ erfolgt dann nach Drücken der Taste C.

Beachte: a_0 ist der Koeffizient von λ^n!

Programminstruktionen

	Verfahren	Eingabe	Taste	Anzeige
1	Magnetkarte einlesen (Block 1, 2)			2
2	Programmbeginn		A	0
3	Eingabe von $a_0, a_1, \ldots, a_n$	a_0	R/S	1
		a_1	R/S	2
		⋮	⋮	⋮
		a_n	R/S	n+1

	Verfahren	Eingabe	Taste	Anzeige
4	Ende der Koeffizienteneingabe		B	n+1
5	Eingabe von n und N	n	R/S	0
		N	R/S	
6	Ergebnisanzeige			$e_1^{(N)}$
			R/S	$e_2^{(N)}$
			⋮	⋮
			R/S	$e_{n-1}^{(N)}$
			R/S	$q_1^{(N)}$
			⋮	⋮
			R/S	$q_n^{(N)}$

Registerinhalte

$R_{00}, \ldots, R_{10}$: Programmzeiger
$R_{11}, \ldots, R_{n+11}$: $a_0, a_1, \ldots, a_n$
$R_{n+12}, \ldots, R_{2n+10}$: $e_1, \ldots, e_{n-1}$
$R_{2n+11}, \ldots, R_{3n+10}$: $q_1, \ldots, q_n$

Beispiel

Es sollen mit $N = 5$ QD-Schritten Näherungen für die Nullstellen von

$$\text{pol}(\lambda) = -\lambda^3 + 3\lambda^2 + 4\lambda - 2$$

bestimmt werden.

Anmerkungen	Eingabe	Taste	Anzeige
Magnetkarte einlesen (Block 1, 2)			2
Programmbeginn		A	0
Eingabe von: a_0	−1	R/S	1
a_1	3	R/S	2
a_2	4	R/S	3
a_3	−2	R/S	4
Ende der Koeffizienteneingabe		B	4
Eingabe von: n	3	R/S	0
N	5	R/S	
Anzeige von: e_1			−.0063368755
e_2		R/S	−.0003864977
q_1		R/S	3.899866489
q_2		R/S	−1.290529036
q_3		R/S	.3973859207

Programm 3.15	Der QD-Algorithmus für Polynome

```
000  76 LBL
001  11  A
002  00  0
003  42 STO
004  00  00
005  01  1
006  01  1
007  42 STO
008  01  01
009  76 LBL
010  33 X²
011  43 RCL
012  00  00
013  91 R/S
014  72 ST*
015  01  01
016  01  1
017  44 SUM
018  00  00
019  44 SUM
020  01  01
021  61 GTO
022  33 X²
023  76 LBL
024  12  B
025  91 R/S
026  42 STO
027  00  00
028  75  -
029  01  1
030  95  =
031  42 STO
032  01  01
033  25 CLR
034  91 R/S
035  42 STO
036  06  06
037  02  2
038  65  ×
039  43 RCL
040  00  00
041  85  +
042  01  1
043  01  1
044  95  =
045  42 STO
046  02  02
047  43 RCL
048  12  12
049  55  ÷
050  43 RCL
051  11  11
052  94 +/-
053  95  =
054  72 ST*
055  02  02
056  43 RCL
057  00  00
058  85  +
059  01  1
060  01  1
061  95  =
062  42 STO
063  02  02
064  75  -
065  01  1
066  95  =
067  42 STO
068  03  03
069  85  +
070  43 RCL
071  00  00
072  95  =
073  42 STO
074  04  04
075  76 LBL
076  34 ΓX
077  73 RC*
078  02  02
079  55  ÷
080  73 RC*
081  03  03
082  95  =
083  72 ST*
084  04  04
085  02  2
086  65  ×
087  43 RCL
088  00  00
089  85  +
090  01  1
091  01  1
092  85  +
093  43 RCL
094  01  01
095  95  =
096  42 STO
097  10  10
098  85  +
099  01  1
100  95  =
101  42 STO
102  09  09
103  43 RCL
104  00  00
105  85  +
106  01  1
107  02  2
108  85  +
109  43 RCL
110  01  01
111  95  =
112  42 STO
113  07  07
114  75  -
115  01  1
116  95  =
117  42 STO
118  08  08
119  43 RCL
120  00  00
121  75  -
122  01  1
123  75  -
124  43 RCL
125  01  01
126  95  =
127  42 STO
128  05  05
129  67  EQ
130  22 INV
131  76 LBL
132  35 1/X
133  73 RC*
134  07  07
135  75  -
136  73 RC*
137  08  08
138  95  =
139  74 SM*
140  10  10
141  73 RC*
142  10  10
143  50 IXI
144  67  EQ
145  99 PRT
146  73 RC*
147  09  09
148  55  ÷
149  73 RC*
150  10  10
151  95  =
152  64 PD*
153  07  07
154  01  1
155  44 SUM
156  10  10
157  44 SUM
158  07  07
159  44 SUM
160  08  08
161  44 SUM
162  09  09
163  97 DSZ
164  05  05
165  35 1/X
166  76 LBL
167  22 INV
168  73 RC*
169  08  08
170  22 INV
171  74 SM*
172  10  10
173  01  1
174  94 +/-
175  44 SUM
176  02  02
177  44 SUM
178  03  03
179  44 SUM
180  04  04
181  97 DSZ
182  01  01
183  34 ΓX
184  43 RCL
185  00  00
186  75  -
187  01  1
188  95  =
189  42 STO
190  01  01
191  01  1
192  01  1
193  85  +
194  43 RCL
195  00  00
196  95  =
197  42 STO
198  02  02
199  00  0
200  72 ST*
201  02  02
202  76 LBL
203  14  D
204  43 RCL
205  00  00
206  75  -
207  01  1
208  95  =
209  42 STO
210  01  01
211  43 RCL
212  02  02
213  85  +
214  43 RCL
215  00  00
216  95  =
217  42 STO
218  03  03
219  85  +
220  01  1
221  95  =
222  42 STO
223  07  07
224  43 RCL
225  02  02
226  95  =
227  42 STO
228  04  04
229  85  +
230  01  1
231  95  =
```

```
232  42 STO
233  05  05
234  76 LBL
235  23 LNX
236  73 RC*
237  05  05
238  75  -
239  73 RC*
240  04  04
241  95  =
242  74 SM*
243  03  03
244  73 RC*
245  03  03
246  67  EQ
247  99 PRT
248  73 RC*
249  07  07
250  55  ÷
251  73 RC*
252  03  03
253  95  =
254  64 PD*
255  05  05
256  01  1
257  44 SUM
258  03  03
259  44 SUM
260  04  04
261  44 SUM
262  05  05
263  44 SUM
264  07  07
265  97 DSZ
266  01  01
267  23 LNX
268  73 RC*
269  04  04
270  22 INV
271  74 SM*
272  03  03
273  97 DSZ
274  06  06
275  14  D
276  76 LBL
277  13  C
278  25 CLR
279  02  2
280  65  ×
281  43 RCL
282  00  00
283  75  -
284  01  1
285  95  =
286  42 STO
287  03  03
288  43 RCL
289  02  02
290  85  +
291  01  1
292  95  =
293  42 STO
294  04  04
295  76 LBL
296  24 CE
297  73 RC*
298  04  04
299  91 R/S
300  01  1
301  44 SUM
302  04  04
303  97 DSZ
304  03  03
305  24 CE
306  91 R/S
```

4 Interpolation und diskrete Approximation

4.1 Lagrange-Interpolation

Zu gegebenen Stützstellen $x_0, \ldots, x_n$ bilden die Lagrange-Polynome

$$l_i(x) = \frac{(x-x_0)\ldots(x-x_{i-1})(x-x_{i+1})\ldots(x-x_n)}{(x_i-x_0)\ldots(x_i-x_{i-1})(x_i-x_{i+1})\ldots(x_i-x_n)}$$

eine Basis im Vektorraum der Polynome bis zum Grad n. Es ist

$$l_i(x_k) = \delta_{ik} = \begin{cases} 1 & \text{für } i = k \\ 0 & \text{für } i \neq k \end{cases}$$

Sind zu den Stützstellen $x_0, \ldots, x_n$ Stützwerte $f_0, \ldots, f_n$ gegeben, dann hat das Interpolationspolynom durch die Knoten (x_i, f_i) die Form

(*) $\quad \mathrm{pol}(x) = f_0 \cdot l_0(x) + \ldots + f_n \cdot l_n(x)$, $\quad$ denn es ist

$$\mathrm{pol}(x_k) = \sum_{i=0}^{n} f_i \cdot l_i(x_k) = \sum_{i=0}^{n} f_i \cdot \delta_{ik} = f_k\ .$$

Das Programm liefert den Wert des Interpolationspolynoms an der Stelle x durch Auswerten von (*).

Programminstruktionen

	Verfahren	Eingabe	Taste	Anzeige
1	Magnetkarte einlesen (Block 1)			1
2	Programmbeginn		A	1
3	Eingabe von n, $x_0, \ldots, x_n, f_0, \ldots, f_n$	n	R/S	0
		x_0	R/S	1
		⋮	⋮	⋮
		x_n	R/S	n+1
		f_0	R/S	n+2
		⋮	⋮	⋮
		f_n	R/S	2n+2
4	Ende der Koeffizienteneingabe		B	2n+2
5	Eingabe von x	x	R/S	
6	Ergebnisanzeige			pol (x)

Registerinhalte

$R_{00}, \ldots, R_{06}$: Programmzeiger
$R_{07}, \ldots, R_{n+7}$: $x_0, \ldots, x_n$
$R_{n+8}, \ldots, R_{2n+8}$: $f_0, \ldots, f_n$
$R_{2n+9}, \ldots, R_{3n+9}$: Zwischenergebnisse

Bemerkungen

1. Die Schritte 4 bis 6 der Programminstruktionen lassen sich mit beliebig vielen Argumenten x wiederholen;
2. Wird $x = x_i$ (also eine der Stützstellen) als Argument eingegeben, so hält das Programm und der Rechner zeigt dies durch eine blinkende Anzeige an.

Beispiel

Das durch die Tabelle

x_i	0	1	2
f_i	8	5	4

gegebene Interpolationspolynom soll an den Stellen $x = 3$ und $x' = -1$ ausgewertet werden.

Anmerkungen	Eingabe	Taste	Anzeige
Magnetkarte einlesen (Block 1)			1
Programmbeginn		A	1
Eingabe von: n	2	R/S	0
x_0	0	R/S	1
x_1	1	R/S	2
x_2	2	R/S	3
f_0	8	R/S	4
f_1	5	R/S	5
f_2	4	R/S	6
Ende der Koeffizienteneingabe		B	6
Eingabe von: x	3	R/S	
Anzeige von: pol (x)			5
anderes Argument		B	5
Eingabe von: x'	–1	R/S	
Anzeige von: pol (x')			13

Programm 4.1	Lagrange-Interpolation

```
76 LBL
11 A
91 R/S
42 STO
00 00
07 7
42 STO
01 01
00 0
42 STO
02 02
76 LBL
33 X²
43 RCL
02 02
91 R/S
72 ST*
01 01
01 1
44 SUM
01 01
44 SUM
02 02
61 GTO
33 X²
76 LBL
12 B
91 R/S
42 STO
06 06
43 RCL
00 00
85 +
01 1
95 =
42 STO
01 01
43 RCL
00 00
65 ×
02 2
85 +
09 9
95 =
42 STO
03 03
07 7
42 STO
04 04
76 LBL
34 ΓX
43 RCL
00 00
85 +
01 1
95 =
42 STO
02 02
01 1
72 ST*
03 03
07 7
42 STO
05 05
76 LBL
35 1/X
53 (
73 RC*
04 04
75 -
73 RC*
05 05
54 )
67 EQ
10 E'
64 PD*
03 03
76 LBL
10 E'
01 1
44 SUM
05 05
97 DSZ
02 02
35 1/X
53 (
43 RCL
06 06
75 -
73 RC*
04 04
54 )
65 ×
73 RC*
03 03
95 =
67 EQ
99 PRT
35 1/X
72 ST*
03 03
01 1
44 SUM
03 03
44 SUM
04 04
97 DSZ
01 01
34 ΓX
43 RCL
00 00
85 +
01 1
95 =
42 STO
01 01
85 +
07 7
95 =
42 STO
02 02
43 RCL
00 00
65 ×
02 2
85 +
09 9
95 =
42 STO
03 03
00 0
42 STO
04 04
42 STO
05 05
76 LBL
22 INV
73 RC*
03 03
44 SUM
05 05
65 ×
73 RC*
02 02
95 =
44 SUM
04 04
01 1
44 SUM
02 02
44 SUM
03 03
97 DSZ
01 01
22 INV
43 RCL
05 05
22 INV
49 PRD
04 04
43 RCL
04 04
91 R/S
```

4.2 Das Schema von Neville

Nach dem Lemma von Aitken ergibt sich das Interpolationspolynom $p_{0,\ldots,n}(x)$ durch die Knoten (x_i, f_i), $i = 0, \ldots, n$, durch fortgesetzte lineare Interpolation nach der Rekursion

$$p_{i,\ldots,k}(x) = \frac{(x_k - x)\, p_{i,\ldots,k-1}(x) - (x_i - x)\, p_{i+1,\ldots,k}(x)}{x_k - x_i}.$$

Dabei ist $p_i = f_i$. Das Programm bestimmt den Wert des Interpolationspolynoms an der Stelle x nach dem Schema von Neville.

Programminstruktionen

	Verfahren	Eingabe	Taste	Anzeige
1	Magnetkarte einlesen (Block 1)			1
2	Programmbeginn		A	1
3	Eingabe von n, $x_0, \ldots, x_n$, $f_0, \ldots, f_n$	n	R/S	0
		x_0	R/S	1
		⋮	⋮	⋮
		x_n	R/S	n+1
		f_0	R/S	n+2
		⋮	⋮	⋮
		f_n	R/S	2n+2
4	Ende der Koeffizienteneingabe		B	2n+2
5	Eingabe von x	x	R/S	
6	Anzeige von $p_{0,\ldots,n}$			$p_{0,\ldots,n}$

Registerinhalte

$R_{00}, \ldots, R_{07}$: Programmzeiger
$R_{08}, \ldots, R_{n+8}$: $x_0, \ldots, x_n$
$R_{n+9}, \ldots, R_{2n+9}$: $p_0, \ldots, p_n$

Bemerkung

Da die Konstanten $f_0, \ldots, f_n$ „überschrieben" werden, läßt sich das Programm nicht zur Auswertung des Interpolationspolynoms an mehreren Stellen verwenden.

Beispiel

Das durch die Tabelle

x_i	0	1	2
f_i	8	5	4

gegebene Interpolationspolynom soll an der Stelle $x = 3$ ausgewertet werden.

Anmerkungen	Eingabe	Taste	Anzeige
Magnetkarte einlesen (Block 1)			1
Programmbeginn		A	1
Eingabe von: n	2	R/S	0
x_0	0	R/S	1
x_1	1	R/S	2
x_2	2	R/S	3
f_0	8	R/S	4
f_1	5	R/S	5
f_2	4	R/S	6
Ende der Koeffizienteneingabe		B	6
Eingabe von: x	3	R/S	
Anzeige von: $p_{0,1,2}$			5

Programm 4.2	**Das Schema von Neville**

```
000  76  LBL
001  11  A
002  91  R/S
003  42  STO
004  00  00
005  08  8
006  42  STO
007  01  01
008  00  0
009  42  STO
010  02  02
011  76  LBL
012  33  X²
013  43  RCL
014  02  02
015  91  R/S
016  72  ST*
017  01  01
018  01  1
019  44  SUM
020  01  01
021  44  SUM
022  02  02
023  61  GTO
024  33  X²
025  76  LBL
026  12  B
027  91  R/S
028  42  STO
029  07  07
030  43  RCL
031  00  00
032  42  STO
033  01  01
034  76  LBL
035  35  1/X
036  43  RCL
037  01  01
038  42  STO
039  02  02
040  43  RCL
041  00  00
042  85  +
043  08  8
044  95  =
045  42  STO
046  03  03
047  07  7
048  85  +
049  43  RCL
050  01  01
051  95  =
052  42  STO
053  04  04
054  02  2
055  65  ×
056  43  RCL
057  00  00
058  85  +
059  08  8
060  95  =
061  42  STO
062  05  05
063  85  +
064  01  1
065  95  =
066  42  STO
067  06  06
068  76  LBL
069  34  ΓX
070  53  (
071  53  (
072  73  RC*
073  03  03
074  75  -
075  43  RCL
076  07  07
077  54  )
078  65  ×
079  73  RC*
080  05  05
081  75  -
082  53  (
083  73  RC*
084  04  04
085  75  -
086  43  RCL
087  07  07
088  54  )
089  65  ×
090  73  RC*
091  06  06
092  54  )
093  54  )
094  55  ÷
095  53  (
096  73  RC*
097  03  03
098  75  -
099  73  RC*
100  04  04
101  54  )
102  95  =
103  72  ST*
104  06  06
105  01  1
106  94  +/-
107  44  SUM
108  03  03
109  44  SUM
110  04  04
111  44  SUM
112  05  05
113  44  SUM
114  06  06
115  97  DSZ
116  02  02
117  34  ΓX
118  97  DSZ
119  01  01
120  35  1/X
121  02  2
122  65  ×
123  43  RCL
124  00  00
125  85  +
126  09  9
127  95  =
128  42  STO
129  01  01
130  73  RC*
131  01  01
132  91  R/S
```

4.3 Entwickeln nach Tschebyscheff-Polynomen

Die Tschebyscheff-Polynome $T_n(x)$ bestimmen sich rekursiv aus den Formeln

$$T_0(x) = 1; \quad T_1(x) = x$$
$$T_{n+1}(x) = 2x \cdot T_n(x) - T_{n-1}(x) .$$

Da von allen normierten Polynomen vom Grad $n \geq 1$ das Polynom $2^{1-n}\, T_n(x)$ in $[-1, 1]$ die kleinste Tschebyscheff-Norm besitzt, ist es nützlich, ein gegebenes Polynom

$$\text{pol}(x) = c_0 + c_1 x + \ldots + c_n x^n$$

in Tschebyscheff-Polynomen zu entwickeln, also zu schreiben

$$\text{pol}(x) = a_0 T_0(x) + a_1 T_1(x) + \ldots + a_n T_n(x) .$$

Will man pol (x) nämlich durch ein Polynom vom Grad $n-1$ annähern, so läßt man das letzte Glied der Tschebyscheff-Entwicklung fort; der maximale Fehler ist dann wegen $\|T_n\|_\infty = 1$ auf $[-1, 1]$ gerade $|a_n|$. Das ist die nach der Tschebyscheff-Norm bestmögliche Approximation eines Polynoms vom Grad n durch ein Polynom vom Grad $n-1$.

Das Programm entwickelt Polynome bis zum Grad $n = 15$ in Tschebyscheff-Polynomen und gibt dann die Koeffizienten a_i aus.

Um dieses Programm auf Magnetkarten zu speichern, müssen außer den Programmschritten auch Daten, nämlich die Koeffizienten der Tschebyscheff-Polynome, aufgezeichnet werden. Dazu geht man wie folgt vor:

1. Änderung der Speicherbereichsverteilung auf 100 Datenspeicher mittels der Tastenfolge 10 2nd Op 17.
2. Eingabe der Programmschritte (siehe Programmausdruck).
3. Abspeichern der Konstanten in den jeweiligen Datenspeichern (siehe Ausdruck der Registerinhalte).
4. Beschreiben der Magnetkarten (Block 1, 2, 3, 4).

Programminstruktionen

	Verfahren	Eingabe	Taste	Anzeige
1	Änderung der Speicherbereichsverteilung	10	2nd Op	
		17		159.99
			CLR	0
2	Magnetkarten einlesen (Block 1, 2, 3, 4)			4
3	Programmbeginn		A	0
4	Eingabe von $c_0, c_1, \ldots, c_n$	c_0	R/S	1
		c_1	R/S	2
		⋮	⋮	⋮
		c_n	R/S	n+1

	Verfahren	Eingabe	Taste	Anzeige
5	Ende der Koeffizienteneingabe		B	
6	Ergebnisanzeige			a_0
			R/S	a_1
			⋮	⋮
			R/S	a_n

Registerinhalte

$R_{00}, \ldots, R_{09}$: Programmzeiger
$R_{10}, \ldots, R_{n+10}$: $c_0, \ldots, c_n$
$R_{28}, \ldots, R_{99}$: Koeffizienten der Tschebyscheff-Polynome (siehe Ausdruck der Registerinhalte)

Beispiel

Das Polynom $\text{pol}(x) = 2 - 9x + 4x^2 + 16x^3 + 8x^4$ soll nach Tschebyscheff-Polynomen entwickelt werden.

Anmerkungen	Eingabe	Taste	Anzeige
Änderung der Speicherbereichsverteilung	10	2nd	
		Op	
	17		159.99
		CLR	0
Magnetkarten einlesen (Block 1, 2, 3, 4)			4
Programmbeginn		A	0
Eingabe von: c_0	2	R/S	1
c_1	–9	R/S	2
c_2	4	R/S	3
c_3	16	R/S	4
c_4	8	R/S	5
Ende der Koeffizienteneingabe		B	
Anzeige von: a_0			7
a_1		R/S	3
a_2		R/S	6
a_3		R/S	4
a_4		R/S	1

Die gesuchte Tschebyscheff-Entwicklung lautet also

$$\text{pol}(x) = 7 \cdot T_0(x) + 3 \cdot T_1(x) + 6 \cdot T_2(x) + 4 \cdot T_3(x) + T_4(x)\,.$$

Programm 4.3	Entwickeln nach Tschebyscheff-Polynomen

10 2nd Op 17

Programmteil

```
000  76  LBL
001  11  A
002  01  1
003  00  0
004  42  STO
005  00  00
006  00  0
007  42  STO
008  01  01
009  76  LBL
010  33  X²
011  43  RCL
012  01  01
013  91  R/S
014  72  ST*
015  00  00
016  01  1
017  44  SUM
018  00  00
019  44  SUM
020  01  01
021  61  GTO
022  33  X²
023  76  LBL
024  12  B
025  75  -
026  01  1
027  95  =
028  42  STO
029  00  00
030  42  STO
031  06  06
032  85  +
033  01  1
034  00  0
035  95  =
036  42  STO
037  03  03
038  42  STO
039  08  08
040  53  (
041  43  RCL
042  00  00
043  55  ÷
044  04  4
045  85  +
046  01  1
047  54  )
048  65  ×
049  43  RCL
050  00  00
051  85  +
052  02  2
053  08  8
054  95  =
055  42  STO
056  02  02
057  76  LBL
058  13  C
059  73  RC*
060  03  03
061  55  ÷
062  73  RC*
063  02  02
064  95  =
065  72  ST*
066  03  03
067  42  STO
068  05  05
069  01  1
070  22  INV
071  44  SUM
072  02  02
073  02  2
074  22  INV
075  44  SUM
076  03  03
077  43  RCL
078  06  06
079  55  ÷
080  02  2
081  95  =
082  59  INT
083  42  STO
084  07  07
085  76  LBL
086  35  1/X
087  43  RCL
088  05  05
089  65  ×
090  73  RC*
091  02  02
092  95  =
093  22  INV
094  74  SM*
095  03  03
096  01  1
097  22  INV
098  44  SUM
099  02  02
100  02  2
101  22  INV
102  44  SUM
103  03  03
104  97  DSZ
105  07  07
106  35  1/X
107  01  1
108  22  INV
109  44  SUM
110  08  08
111  43  RCL
112  08  08
113  42  STO
114  03  03
115  97  DSZ
116  06  06
117  13  C
118  01  1
119  00  0
120  42  STO
121  09  09
122  76  LBL
123  22  INV
124  73  RC*
125  09  09
126  91  R/S
127  01  1
128  44  SUM
129  09  09
130  61  GTO
131  22  INV
132  91  R/S
```

Datenteil

0.	00	0.	14	1.	28	-48.	42
0.	01	0.	15	1.	29	32.	43
0.	02	0.	16	-1.	30	-7.	44
0.	03	0.	17	2.	31	56.	45
0.	04	0.	18	-3.	32	-112.	46
0.	05	0.	19	4.	33	64.	47
0.	06	0.	20	1.	34	1.	48
0.	07	0.	21	-8.	35	-32.	49
0.	08	0.	22	8.	36	160.	50
0.	09	0.	23	5.	37	-256.	51
0.	10	0.	24	-20.	38	128.	52
0.	11	0.	25	16.	39	9.	53
0.	12	0.	26	-1.	40	-120.	54
0.	13	0.	27	18.	41	432.	55

-576.	56	2816.	67	-364.	78	39424.	89
256.	57	-2816.	68	2912.	79	-28672.	90
-1.	58	1024.	69	-9984.	80	8192.	91
50.	59	1.	70	16640.	81	-15.	92
-400.	60	-72.	71	-13312.	82	560.	93
1120.	61	840.	72	4096.	83	-6048.	94
-1280.	62	-3584.	73	-1.	84	28800.	95
512.	63	6912.	74	98.	85	-70400.	96
-11.	64	-6144.	75	-1568.	86	92160.	97
220.	65	2048.	76	9408.	87	-61440.	98
-1232.	66	13.	77	-26880.	88	16384.	99

4.4 Ökonomisieren eines Polynoms

Die Tschebyscheff-Entwicklung eines Polynoms ist besonders nützlich, um seinen Grad zu ökonomisieren. Wegen $\|T_n\|_\infty = 1$ in $[-1, 1]$ ist der maximale Fehler, der durch Fortlassen des letzten Gliedes entsteht, höchstens $|a_n|$. Will man das Polynom

$$\text{pol}(x) = c_0 + c_1 x + \ldots + c_n x^n$$

durch ein Polynom möglichst niedrigen Grades approximieren und dabei höchstens den Fehler $\epsilon > 0$ begehen, so streicht man in der Tschebyscheff-Entwicklung

$$\text{pol}(x) = a_0 T_0(x) + \ldots + a_n T_n(x)$$

solange das jeweils letzte Glied, bis

$$\sum_{i=k}^{n} |a_i| > \epsilon$$

ist.

Das Approximationspolynom ist dann

$$\text{app}(x) = \text{pol}(x) - \sum_{i=k+1}^{n} a_i T_i(x) = \sum_{i=1}^{k} b_i x^i$$

mit dem Grad k. Das Programm liefert die Koeffizienten b_i von app (x) in der gewöhnlichen Basis $1, x, \ldots, x^k$. Es ökonomisiert Polynome bis zum Grad $n = 15$.

Um dieses Programm auf Magnetkarten zu speichern, müssen außer den Programmschritten auch Daten, nämlich die Koeffizienten der Tschebyscheff-Polynome, aufgezeichnet werden. Dazu geht man wie folgt vor:

1. Änderung der Speicherbereichsverteilung auf 100 Datenspeicher mittels der Tastenfolge 10 2nd Op 17.
2. Eingabe der Programmschritte (siehe Programmausdruck).
3. Abspeichern der Konstanten in den jeweiligen Datenspeichern (siehe Ausdruck der Registerinhalte).
4. Beschreiben der Magnetkarten (Block 1, 2, 3, 4).

Programminstruktionen

	Verfahren	Eingabe	Taste	Anzeige
1	Änderung der Speicherbereichsverteilung	10	2nd Op	
		17		159.99
			CLR	0
2	Magnetkarten einlesen (Block 1, 2, 3, 4)			4
3	Programmbeginn		A	0
4	Eingabe von $\epsilon, c_0, \ldots, c_n$	ϵ	R/S	0
		c_0	R/S	1
		⋮	⋮	⋮
		c_n	R/S	n+1
6	Ende der Koeffizienteneingabe		B	
7	Anzeige von k = Grad app (x)			k
8	Anzeige von $b_0, \ldots, b_k$		R/S	b_0
			⋮	⋮
			R/S	b_k

Registerinhalte

$R_{00}, \ldots, R_{09}$: Programmzeiger
$R_{10}, \ldots, R_{n+10}$: $c_0, \ldots, c_n$
R_{27}: a_i
$R_{28}, \ldots, R_{99}$: Koeffizienten der Tschebyscheff-Polynome
(siehe Ausdruck der Registerinhalte)

Beispiel

Das Polynom pol (x) = $1.571\,x - 0.646\,x^3 + 0.08\,x^5$ soll durch ein Polynom app (x) niedrigeren Grades approximiert werden, so daß

$$\|\text{pol}(x) - \text{app}(x)\|_\infty < 0.01$$

ist.

Anmerkungen	Eingabe	Taste	Anzeige
Änderung der Speicherbereichsverteilung	10	2nd Op	
	17		159.99
		CLR	0
Magnetkarten einlesen (Block 1, 2, 3, 4)			4
Programmbeginn		A	0
Eingabe von: ϵ	0.01	R/S	0
c_0	0	R/S	1
c_1	1.571	R/S	2
c_2	0	R/S	3
c_3	–0.646	R/S	4
c_4	0	R/S	5
c_5	0.08	R/S	6
Ende der Koeffizienteneingabe		B	
Anzeige von: k			3
b_0		R/S	0
b_1		R/S	1.546
b_2		R/S	0
b_3		R/S	–0.546

Also ist $\text{app}(x) = 1.546\,x - 0.546\,x^3$.

Programm 4.4	**Ökonomisieren eines Polynoms**

10 2nd Op 17

Programmteil

```
000  76  LBL
001  11   A
002  01   1
003  00   0
004  42  STO
005  00   00
006  00   0
007  42  STO
008  01   01
009  42  STO
010  27   27
011  91  R/S
012  32  X⇌T
013  43  RCL
014  01   01
015  91  R/S
016  72  ST*
017  00   00
018  01   1
019  44  SUM
020  00   00
021  44  SUM
022  01   01
023  61  GTO
024  00   00
025  13   13
026  76  LBL
027  12   B
028  75   -
029  01   1
030  95   =
031  42  STO
032  00   00
033  42  STO
034  06   06
035  85   +
036  01   1
037  00   0
038  95   =
039  42  STO
040  03   03
041  42  STO
042  08   08
043  53   (
044  43  RCL
045  00   00
046  55   ÷
047  04   4
048  85   +
049  01   1
050  54   )
051  65   ×
052  43  RCL
053  00   00
054  85   +
055  02   2
056  08   8
057  95   =
058  42  STO
059  02   02
060  76  LBL
061  13   C
062  73  RC*
063  03   03
064  55   ÷
065  73  RC*
066  02   02
067  95   =
```

```
068  72 ST*
069  03  03
070  42 STO
071  05  05
072  50 I×I
073  44 SUM
074  27  27
075  43 RCL
076  27  27
077  77  GE
078  34 ΓX
079  01   1
080  22 INV
081  44 SUM
082  02  02
083  02   2
084  22 INV
085  44 SUM
086  03  03
087  43 RCL
088  06  06
089  55   ÷
090  02   2
091  95   =
092  59 INT
093  42 STO
094  07  07
095  76 LBL
096  35 1/X
097  43 RCL
098  05  05
099  65   ×
100  73 RC*
101  02  02
102  95   =
103  22 INV
104  74 SM*
105  03  03
106  01   1
107  22 INV
108  44 SUM
109  02  02
110  02   2
111  22 INV
112  44 SUM
113  03  03
114  97 DSZ
115  07  07
116  35 1/X
117  01   1
118  22 INV
119  44 SUM
120  08  08
121  43 RCL
122  08  08
123  42 STO
124  03  03
125  97 DSZ
126  06  06
127  13   C
128  16  A'
129  76 LBL
130  17  B'
131  01   1
132  00   0
133  42 STO
134  09  09
135  76 LBL
136  22 INV
137  73 RC*
138  09  09
139  91 R/S
140  01   1
141  44 SUM
142  09  09
143  97 DSZ
144  06  06
145  22 INV
146  91 R/S
147  76 LBL
148  34 ΓX
149  73 RC*
150  02  02
151  64 PD*
152  03  03
153  43 RCL
154  06  06
155  91 R/S
156  01   1
157  44 SUM
158  06  06
159  17  B'
```

Datenteil

```
0.      00
0.      01
0.      02
0.      03
0.      04
0.      05
0.      06
0.      07
0.      08
0.      09
0.      10
0.      11
0.      12
0.      13
0.      14
0.      15
0.      16
0.      17
0.      10
0.      19
0.      20
0.      21
0.      22
0.      23
0.      24
0.      25
0.      26
0.      27
1.      28
1.      29
-1.     30
2.      31
-3.     32
4.      33
1.      34
-8.     35
8.      36
5.      37
-20.    38
16.     39
-1.     40
18.     41
-48.    42
32.     40
-7.     44
56.     45
-112.   46
64.     47
1.      48
-32.    49
160.    50
-256.   51
128.    52
9.      53
-120.   54
432.    55
-576.   56
256.    57
-1.     58
50.     59
-400.   60
1120.   61
-1280.  62
512.    63
-11.    64
220.    65
-1232.  66
2816.   67
-2816.  68
1024.   69
1.      70
-72.    71
840.    72
-3584.  73
6912.   74
-6144.  75
2048.   76
13.     77
-364.   78
2912.   79
-9984.  80
16640.  81
-13312. 82
4096.   83
-1.     84
98.     85
-1568.  86
9408.   87
-26880. 88
39424.  89
-28672. 90
8192.   91
-15.    92
560.    93
-6048.  94
28800.  95
-70400. 96
92160.  97
-61440. 98
16384.  99
```

4.5 Methode der kleinsten Quadrate

Bei der diskreten Approximation der Funktion f durch ein Polynom vom Grad n im Intervall $[-1, 1]$ wird die Genauigkeit möglicherweise erhöht, wenn man die Anzahl der stützenden Punkte (x_i, f_i) auf $m+1$ mit $m > n$ erhöht. Wählt man die Tschebyscheff-Polynome $T_0(x), \ldots, T_n(x)$ als Approximationsfunktionen und sind die Stützstellen $x_0, \ldots, x_m$ die Nullstellen des Tschebyscheff-Polynoms $T_{m+1}(x)$, so ergibt sich wegen der Orthogonalität der Tschebyscheff-Polynome das folgende besonders einfache Gleichungssystem für die Koeffizienten a_i der Approximation $\mathrm{pol}(x) = a_0 T_0(x) + \ldots + a_n T_n(x)$:

$$\begin{bmatrix} m+1 & & & 0 \\ & \frac{m+1}{2} & & \\ & & \ddots & \\ 0 & & & \frac{m+1}{2} \end{bmatrix} \begin{bmatrix} a_0 \\ \cdot \\ \cdot \\ \cdot \\ a_n \end{bmatrix} = \begin{bmatrix} T_0(x_0) & \ldots & T_0(x_m) \\ \cdot & & \cdot \\ \cdot & & \cdot \\ \cdot & & \cdot \\ T_n(x_0) & \ldots & T_n(x_m) \end{bmatrix} \begin{bmatrix} f(x_0) \\ \cdot \\ \cdot \\ \cdot \\ f(x_m) \end{bmatrix}$$

In der Tabelle unten sind diejenigen Paare (n, m) mit + gekennzeichnet, für die der Speicherplatz ausreicht. Wird der Rechner mittels der Tastenfolge 7 2nd Op 17 auf 70 Datenspeicher umgeschaltet, wird die Approximation auch für die mit o gekennzeichneten (n, m) berechnet.

n \ m	2	3	4	5	6	7	8	9	10
1	+	+	+	+	+	+	+	o	o
2		+	+	+	+	+	+	o	o
3			+	+	+	o	o		
4				+	o				

Programminstruktionen

	Verfahren	Eingabe	Taste	Anzeige
1	Magnetkarte einlesen (Block 1, 2)			2
2	Programmbeginn		A	2
3	Eingabe von n und m	n	R/S	n
		m	R/S	m
4	Eingabe der Nummer des ersten zu belegenden Speicherplatzes $k \geq 12$	k	R/S	0

	Verfahren	Eingabe	Taste	Anzeige
5	Eingabe von $x_0, \dots, x_m,\ f_0, \dots, f_m$	x_0	R/S	1
		⋮	⋮	⋮
		x_m	R/S	m+1
		f_0	R/S	m+2
		⋮	⋮	⋮
		f_m	R/S	2m+2
6	Ende der Koeffizienteneingabe		B	
7	Ergebnisanzeige			a_0
			R/S	a_1
			⋮	⋮
			R/S	a_n

Registerinhalte

$R_{00}, \dots, R_{11}$: Programmzeiger
$R_k, \dots, R_{k+n}$: $a_0, \dots, a_n$
$R_{k+n+1}, \dots, R_{k+n+m+1}$: $x_0, \dots, x_m$
$R_{k+n+m+2}, \dots, R_{k+n+2m+2}$: $f_0, \dots, f_m$
$R_{k+n+2m+3}, \dots, R_{k+2n+3m+nm+3}$: $T_0(x_0), \dots, T_n(x_m)$

Bemerkungen

1. Ist $f(x)$ nicht auf $[-1, 1]$, sondern auf $[a, b]$ definiert, so ist $f(x)$ nach $f(t)$ mit

$$t = \frac{2x - a - b}{b - a}$$

zu transformieren.

2. Die Nullstellen von $T_{m+1}(x)$ sind

$$x_j = \cos \frac{2j+1}{m+1} \frac{\pi}{2}; \qquad j = 0, \dots, m$$

Beispiel

Die Funktion $\sin \frac{\pi}{2} x$ in $[-1, 1]$ soll durch ein Polynom vom Grad $n = 3$ approximiert werden. Zur Verfügung stehen die Funktionswerte an den Nullstellen von $T_5(x)$:

x_j	−.951	−.588	0	.588	.951
f_j	−.997	−.798	0	.798	.997

Anmerkungen		Eingabe	Taste	Anzeige
Magnetkarte einlesen (Block 1, 2)				2
Programmbeginn			A	2
Eingabe von:	n	3	R/S	3
	m	4	R/S	4
	k	12	R/S	0
	x_0	–.951	R/S	1
	x_1	–.588	R/S	2
	x_2	0	R/S	3
	x_3	.588	R/S	4
	x_4	.951	R/S	5
	f_0	–.997	R/S	6
	f_1	–.798	R/S	7
	f_2	0	R/S	8
	f_3	.798	R/S	9
	f_4	.997	R/S	10
Ende der Koeffizienteneingabe			B	
Anzeige von:	a_0			0
	a_1		R/S	1.1338968
	a_2		R/S	0
	a_3		R/S	–.1385336717

Programm 4.5	Methode der kleinsten Quadrate

```
000  76  LBL
001  11   A
002  47  CMS
003  29  CP
004  91  R/S
005  42  STO
006  00   00
007  91  R/S
008  42  STO
009  01   01
010  91  R/S
011  42  STO
012  02   02
013  85   +
014  43  RCL
015  00   00
016  85   +
017  01   1
018  95   =
019  42  STO
020  03   03
021  00   0
022  42  STO
023  04   04
024  76  LBL
025  22  INV
026  43  RCL
027  04   04
028  91  R/S
029  72  ST*
030  03   03
031  01   1
032  44  SUM
033  03   03
034  44  SUM
035  04   04
036  61  GTO
037  22  INV
038  76  LBL
039  12   B
040  43  RCL
041  00   00
042  85   +
043  01   1
044  95   =
045  42  STO
046  04   04
047  76  LBL
048  23  LNX
049  43  RCL
050  02   02
051  85   +
052  43  RCL
053  00   00
054  75   -
055  43  RCL
056  04   04
057  95   =
058  42  STO
059  05   05
060  00   0
061  72  ST*
062  05   05
063  01   1
064  44  SUM
065  05   05
066  72  ST*
067  05   05
068  43  RCL
069  02   02
070  85   +
071  43  RCL
072  00   00
073  85   +
074  01   1
075  95   =
076  42  STO
077  05   05
078  85   +
079  02   2
080  65   ×
081  43  RCL
082  01   01
083  85   +
084  03   3
085  85   +
086  43  RCL
087  00   00
088  75   -
089  43  RCL
090  04   04
091  95   =
```

```
092  42 STO
093  06  06
094  43 RCL
095  01  01
096  85  +
097  01  1
098  95  =
099  42 STO
100  07  07
101  76 LBL
102  24 CE
103  43 RCL
104  00  00
105  42 STO
106  08  08
107  00  0
108  42 STO
109  09  09
110  43 RCL
111  02  02
112  85  +
113  43 RCL
114  00  00
115  95  =
116  42 STO
117  10  10
118  73 RC*
119  10  10
120  42 STO
121  11  11
122  01  1
123  22 INV
124  44 SUM
125  10  10
126  76 LBL
127  25 CLR
128  43 RCL
129  09  09
130  94 +/-
131  85  +
132  02  2
133  65  ×
134  73 RC*
135  05  05
136  65  ×
137  43 RCL
138  11  11
139  85  +
140  73 RC*
141  10  10
142  95  =
143  42 STO
144  03  03
145  43 RCL
146  08  08
147  75  -
148  01  1
149  95  =
150  67  EQ
151  32 X:T
152  43 RCL
153  11  11
154  42 STO
155  09  09
156  43 RCL
157  03  03
158  42 STO
159  11  11
160  01  1
161  22 INV
162  44 SUM
163  10  10
164  97 DSZ
165  08  08
166  25 CLR
167  76 LBL
168  32 X:T
169  53  (
170  43 RCL
171  03  03
172  75  -
173  43 RCL
174  09  09
175  85  +
176  73 RC*
177  02  02
178  54  )
179  55  ÷
180  02  2
181  95  =
182  72 ST*
183  06  06
184  01  1
185  44 SUM
186  05  05
187  85  +
188  43 RCL
189  00  00
190  95  =
191  44 SUM
192  06  06
193  97 DSZ
194  07  07
195  24 CE
196  97 DSZ
197  04  04
198  23 LNX
199  43 RCL
200  02  02
201  85  +
202  43 RCL
203  00  00
204  95  =
205  42 STO
206  03  03
207  00  0
208  72 ST*
209  03  03
210  43 RCL
211  00  00
212  85  +
213  01  1
214  95  =
215  42 STO
216  03  03
217  76 LBL
218  33 X²
219  43 RCL
220  02  02
221  85  +
222  43 RCL
223  00  00
224  85  +
225  43 RCL
226  01  01
227  85  +
228  02  2
229  95  =
230  42 STO
231  04  04
232  85  +
233  43 RCL
234  01  01
235  85  +
236  02  2
237  85  +
238  43 RCL
239  00  00
240  75  -
241  43 RCL
242  03  03
243  95  =
244  42 STO
245  05  05
246  43 RCL
247  02  02
248  85  +
249  43 RCL
250  00  00
251  85  +
252  01  1
253  75  -
254  43 RCL
255  03  03
256  95  =
257  42 STO
258  06  06
259  43 RCL
260  01  01
261  85  +
262  01  1
263  95  =
264  42 STO
265  07  07
266  76 LBL
267  34 ΓX
268  73 RC*
269  04  04
270  65  ×
271  73 RC*
272  05  05
273  95  =
274  74 SM*
275  06  06
276  01  1
277  44 SUM
278  04  04
279  85  +
280  43 RCL
281  00  00
282  95  =
283  44 SUM
284  05  05
285  97 DSZ
286  07  07
287  34 ΓX
288  97 DSZ
289  03  03
290  33 X²
291  02  2
292  22 INV
293  64 PD*
294  02  02
295  02  2
296  55  ÷
297  53  (
298  43 RCL
299  01  01
300  85  +
301  01  1
302  54  )
303  95  =
304  42 STO
305  03  03
306  43 RCL
307  00  00
308  85  +
309  01  1
310  95  =
311  42 STO
312  04  04
313  43 RCL
314  02  02
315  42 STO
316  05  05
317  76 LBL
318  35 1/X
319  43 RCL
320  03  03
321  64 PD*
322  05  05
323  01  1
324  44 SUM
325  05  05
326  97 DSZ
327  04  04
328  35 1/X
329  43 RCL
330  02  02
331  42 STO
332  03  03
333  43 RCL
334  00  00
335  85  +
336  01  1
337  95  =
338  42 STO
339  04  04
340  76 LBL
341  42 STO
342  73 RC*
343  03  03
344  91 R/S
345  01  1
346  44 SUM
347  03  03
348  97 DSZ
349  04  04
350  42 STO
351  91 R/S
```

4.6 Der Algorithmus von Clenshaw

Ist das Polynom

$$\mathrm{pol}(x) = a_0 T_0(x) + \ldots + a_n T_n(x)$$

als Linearkombination von Tschebyscheff-Polynomen gegeben, so liefert das Programm den Wert des Polynoms an einer Stelle $x = x_0$.

Programminstruktionen

	Verfahren	Eingabe	Taste	Anzeige
1	Magnetkarte einlesen (Block 1)			1
2	Programmbeginn		A	0
3	Eingabe von $a_0, \ldots, a_n$	a_0	R/S	1
		⋮	⋮	⋮
		a_n	R/S	n+1
4	Ende der Koeffizienteneingabe		B	n
5	Eingabe von x_0	x_0	R/S	
6	Ergebnisanzeige			$\mathrm{pol}(x_0)$
7	anderes Argument		C	$\mathrm{pol}(x_0)$
8	Eingabe von x_1	x_1	R/S	
9	Ergebnisanzeige			$\mathrm{pol}(x_1)$

Registerinhalte

$R_{00}, \ldots, R_{06}$: Programmzeiger
$R_{07}, \ldots, R_{n+7}$: $a_0, \ldots, a_n$

Bemerkung

Die Schritte 7 bis 9 der Programminstruktionen lassen sich beliebig oft wiederholen.

Beispiel

Das Polynom

$$\mathrm{pol}(x) = 7\,T_0(x) + 3\,T_1(x) + 6\,T_2(x) + 4\,T_3(x) + T_4(x)$$

soll an den Stellen $x_0 = 1.5$ und $x_1 = -1.5$ ausgewertet werden.

Anmerkungen	Eingabe	Taste	Anzeige
Magnetkarte einlesen (Block 1)			1
Programmbeginn		A	0
Eingabe von: a_0	7	R/S	1
a_1	3	R/S	2
a_2	6	R/S	3
a_3	4	R/S	4
a_4	1	R/S	5
Ende der Koeffizienteneingabe		B	4
Eingabe von: x_0	1.5	R/S	
Anzeige von: pol (x_0)			92
anderes Argument		C	92
Eingabe von: x_1	–1.5	R/S	
Anzeige von: pol (x_1)			11

Programm 4.6	Der Algorithmus von Clenshaw

```
000  76 LBL
001  11  A
002  07  7
003  42 STO
004  00  00
005  00  0
006  42 STO
007  01  01
008  76 LBL
009  33 X²
010  43 RCL
011  01  01
012  91 R/S
013  72 ST*
014  00  00
015  01  1
016  44 SUM
017  00  00
018  44 SUM
019  01  01
020  61 GTO
021  33 X²
022  76 LBL
023  12  B
024  75  -
025  01  1
026  95  =
027  42 STO
028  00  00
029  76 LBL
030  13  C
031  91 R/S
032  42 STO
033  03  03
034  43 RCL
035  00  00
036  42 STO
037  02  02
038  00  0
039  42 STO
040  06  06
041  43 RCL
042  00  00
043  85  +
044  07  7
045  95  =
046  42 STO
047  01  01
048  73 RC*
049  01  01
050  42 STO
051  05  05
052  01  1
053  22 INV
054  44 SUM
055  01  01
056  76 LBL
057  34 ΓX
058  43 RCL
059  06  06
060  94 +/-
061  85  +
062  02  2
063  65  ×
064  43 RCL
065  03  03
066  65  ×
067  43 RCL
068  05  05
069  85  +
070  73 RC*
071  01  01
072  95  =
073  42 STO
074  04  04
075  43 RCL
076  02  02
077  75  -
078  01  1
079  95  =
080  67  EQ
081  22 INV
082  43 RCL
083  05  05
084  42 STO
085  06  06
086  43 RCL
087  04  04
088  42 STO
089  05  05
090  01  1
091  22 INV
092  44 SUM
093  01  01
094  97 DSZ
095  02  02
096  34 ΓX
097  76 LBL
098  22 INV
099  53  (
100  43 RCL
101  04  04
102  75  -
103  43 RCL
104  06  06
105  85  +
106  43 RCL
107  07  07
108  54  )
109  55  ÷
110  02  2
111  95  =
112  91 R/S
```

4.7 De Casteljau

Die Bernstein-Polynome vom Grad n

$$B_r^n(\lambda) = \binom{n}{r} (1-\lambda)^{n-r} \lambda^r; \quad r = 0, \dots, n$$

bilden eine Basis für die Polynome bis zum Grad n im Intervall [0, 1]. Ein in Bernstein-Polynomen entwickeltes Polynom

$$\mathrm{pol}(\lambda) = b_0 B_0^n(\lambda) + \dots + b_n B_n^n(\lambda)$$

heißt Bézier-Polynom, die Koeffizienten b_i heißen Bézier-Punkte. Nach de Casteljau berechnet sich der Wert

$$b_{r,\dots,s}(\lambda) = \sum_{i=r}^{s} b_i B_{i-r}^{s-r}(\lambda)$$

des Bézier-Polynoms vom Grad $s-r$ zu den Bézier-Punkten $b_r, \dots, b_s$ an der Stelle λ nach der Rekursion

$$b_{r,\dots,s} = (1-\lambda)\, b_{r,\dots,s-1} + \lambda b_{r+1,\dots,s}\,.$$

Programminstruktionen

	Verfahren	Eingabe	Taste	Anzeige
1	Magnetkarte einlesen (Block 1)			1
2	Programmbeginn		A	1
3	Eingabe von r und s	r	R/S	r
		s	R/S	r
4	Eingabe von $b_r, \dots, b_s$	b_r	R/S	r+1
		b_{r+1}	R/S	r+2
		⋮	⋮	⋮
		b_s	R/S	s+1
5	Ende der Koeffizienteneingabe		B	s+1
6	Eingabe von λ	λ	R/S	
7	Ergebnisanzeige			$b_{r,\dots,s}$

Registerinhalte

$R_{00}, \dots, R_{07}$: Programmzeiger
$R_{08}, \dots, R_{s-r+8}$: $b_r, \dots, b_s$

Bemerkung

Die $b_r, \ldots, b_s$ werden „überschrieben"; daher ist die Auswertung an nur einer Stelle λ möglich.

Beispiel

Das Bézier-Polynom

$$\text{pol}(\lambda) = 2\,B_0^3(\lambda) + 3\,B_1^3(\lambda) + 4\,B_2^3(\lambda) + 2\,B_3^3(\lambda)$$

ist an der Stelle $\lambda = 1/3$ auszuwerten.

Anmerkungen	Eingabe	Taste	Anzeige
Magnetkarte einlesen (Block 1)			1
Programmbeginn		A	1
Eingabe von: r	0	R/S	0
s	3	R/S	0
b_0	2	R/S	1
b_1	3	R/S	2
b_2	4	R/S	3
b_3	2	R/S	4
Ende der Koeffizienteneingabe		B	4
Eingabe von: λ	1	÷	
	3	=	.3333333333
		R/S	
Anzeige von: $b_{0,1,2,3}$			2.888888889

Programm 4.7	De Casteljau

```
76 LBL
11 A
91 R/S
42 STO
00 00
42 STO
02 02
91 R/S
42 STO
01 01
08 8
42 STO
03 03
76 LBL
33 X²
43 RCL
02 02
91 R/S
72 ST*
03 03
01 1
44 SUM
02 02
44 SUM
03 03
61 GTO
33 X²
76 LBL
12 B
91 R/S
42 STO
06 06
75 -
01 1
95 =
94 +/-
42 STO
07 07
43 RCL
01 01
75 -
43 RCL
00 00
95 =
42 STO
02 02
76 LBL
35 1/X
43 RCL
02 02
42 STO
03 03
43 RCL
01 01
75 -
43 RCL
00 00
85 +
07 7
95 =
42 STO
05 05
85 +
01 1
```

```
064  95  =
065  42  STO
066  04  04
067  76  LBL
068  34  ΓX
069  73  RC*
070  04  04
071  65  ×
072  43  RCL
073  06  06
074  85  +
075  73  RC*
076  05  05
077  65  ×
078  43  RCL
079  07  07
080  95  =
081  72  ST*
082  04  04
083  01  1
084  94  +/-
085  44  SUM
086  04  04
087  44  SUM
088  05  05
089  97  DSZ
090  03  03
091  34  ΓX
092  97  DSZ
093  02  02
094  35  1/X
095  43  RCL
096  01  01
097  75  -
098  43  RCL
099  00  00
100  85  +
101  08  8
102  95  =
103  42  STO
104  05  05
105  73  RC*
106  05  05
107  91  R/S
```

4.8 Bézier-Kurve

Zur Approximation einer Funktion f(x) im Intervall [0, m] ist es günstig, das Intervall durch die Trennstellen k = 1, 2, ..., m − 1 in Segmente aufzuteilen und f(x) in jedem Segment durch ein Bézier-Polynom vom Grad n anzunähern. Dazu wird im Segment [k, k + 1) der Parameter $\lambda = x - k$ eingeführt; die Bézier-Punkte dieses Segments bezeichnet man mit $b_{nk}, b_{nk+1}, \ldots, b_{nk+n}$.

Das Programm bestimmt den Wert der aus den Bézier-Polynomen zusammengesetzten Bézier-Kurve bez (x) an der Stelle $x \in [0, m]$ als Wert des Bézier-Polynoms im Segment [k, k + 1) an der Stelle $\lambda = x - k$ nach dem Algorithmus von de Casteljau (siehe 4.7 „De Casteljau").

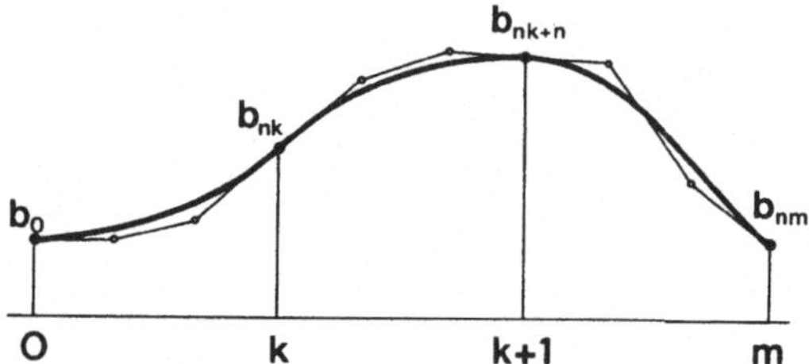

Programminstruktionen

	Verfahren	Eingabe	Taste	Anzeige
1	Magnetkarte einlesen (Block 1)			1
2	Programmbeginn		A	1
3	Eingabe von n und m sowie $b_0, \ldots, b_{nm}$	n	R/S	n
		m	R/S	0
		b_0	R/S	1
		⋮	⋮	⋮
		b_{nm}	R/S	nm+1
5	Ende der Koeffizienteneingabe		B	nm+1
6	Eingabe von x	x	R/S	
7	Ergebnisanzeige			bez (x)

Registerinhalte

$R_{00}, \ldots, R_{09}$: Programmzeiger
$R_{10}, \ldots, R_{nm+10}$: $b_0, \ldots, b_{nm}$

Bemerkung

Die b_i werden „überschrieben"; daher ist die Auswertung von bez (x) an nur einer Stelle x möglich.

Beispiel

Die im Intervall [0, 2] durch die Tabelle

i	0	1	2	3	4	5	6
b_i	4	1	2	3	4	1	3

gegebene Bézier-Kurve vom Grad n = 3 soll an der Stelle x = 1.5 ausgewertet werden.

Anmerkungen	Eingabe	Taste	Anzeige
Magnetkarte einlesen (Block 1)			1
Programmbeginn		A	1
Eingabe von: n	3	R/S	3
m	2	R/S	0
Eingabe von: b_0	4	R/S	1
b_1	1	R/S	2
b_2	2	R/S	3
b_3	3	R/S	4
b_4	4	R/S	5
b_5	1	R/S	6
b_6	3	R/S	7
Ende der Koeffizienteneingabe		B	7
Eingabe von: x	1.5	R/S	
Anzeige von: bez (x)			2.625

Programm 4.8	Bézier-Kurve

```
76 LBL
11 A
91 R/S
42 STO
00 00
91 R/S
42 STO
01 01
01 1
00 0
42 STO
02 02
76 LBL
33 X²
43 RCL
03 03
91 R/S
72 ST*
02 02
01 1
44 SUM
02 02
44 SUM
03 03
61 GTO
33 X²
76 LBL
12 B
91 R/S
42 STO
02 02
75 -
43 RCL
01 01
95 =
22 INV
67 EQ
13 C
43 RCL
00 00
65 ×
43 RCL
01 01
85 +
01 1
00 0
95 =
42 STO
04 04
73 RC*
04 04
91 R/S
76 LBL
13 C
43 RCL
02 02
59 INT
42 STO
03 03
22 INV
44 SUM
02 02
43 RCL
00 00
49 PRD
03 03
43 RCL
03 03
44 SUM
00 00
01 1
75 -
43 RCL
02 02
95 =
42 STO
01 01
43 RCL
00 00
75 -
43 RCL
03 03
95 =
42 STO
04 04
76 LBL
35 1/X
43 RCL
04 04
42 STO
05 05
43 RCL
00 00
85 +
09 9
95 =
42 STO
06 06
85 +
01 1
95 =
42 STO
07 07
76 LBL
34 ΓX
43 RCL
02 02
65 ×
73 RC*
07 07
85 +
43 RCL
01 01
65 ×
73 RC*
06 06
95 =
72 ST*
07 07
01 1
94 +/-
44 SUM
07 07
44 SUM
06 06
97 DSZ
05 05
34 ΓX
97 DSZ
04 04
35 1/X
43 RCL
00 00
85 +
01 1
00 0
95 =
42 STO
01 01
73 RC*
01 01
91 R/S
```

4.9 Interpolation durch kubische Splines

Gegeben seien $n+1$ Knoten

$$(x_i, f(x_i)), \qquad i = 0, \ldots, n$$

mit äquidistanten Stützstellen $x_i = x_0 + i\,h$, h fest. Stellt man zur Approximation der Funktion f an eine Bézier-Kurve s (siehe 4.8 „Bézier-Kurve") die Forderung der zweimaligen Differenzierbarkeit an den Trennstellen x_i und gibt man zusätzlich die beiden Randbedingungen

$$s''(x_0) = s''(x_n) = 0,$$

so ist s dadurch eindeutig festgelegt. Eine solche Kurve heißt kubischer Interpolationsspline und mit diesen Randbedingungen natürlicher Spline. Das Programm berechnet die Koeffizienten der Polynome

$$P_i(x) = a_i + b_i(x - x_i) + c_i(x - x_i)^2 + d_i(x - x_i)^3$$
$$x \in [x_{i-1}, x_i] \qquad i = 1, \ldots, n,$$

aus denen sich s zusammensetzt.

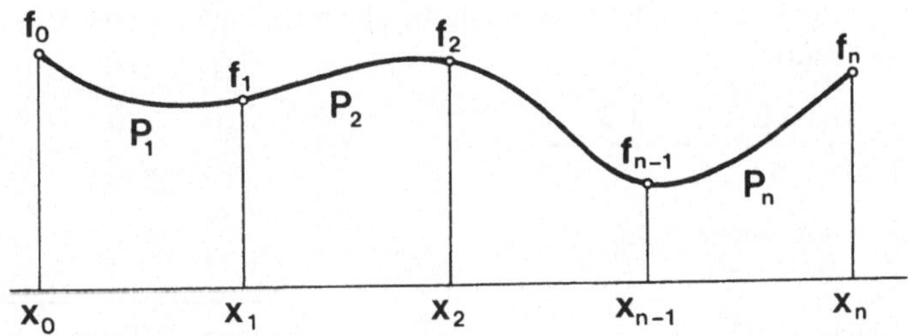

Programminstruktionen

	Verfahren	Eingabe	Taste	Anzeige
1	Magnetkarte einlesen (Block 1, 2)			2
2	Programmbeginn		A	2
3	Eingabe der Nummer des ersten zu belegenden Speicherplatzes $k \geq 9$	k	R/S	0
4	Eingabe von $f(x_0), \ldots, f(x_n)$	$f(x_0)$	R/S	1
		⋮	⋮	⋮
		$f(x_n)$	R/S	n+1
5	Ende der Koeffizienteneingabe		B	n+1
6	Eingabe von h, n und k	h	R/S	h
		n	R/S	n
		k	R/S	
7	Ergebnisanzeige			a_1
			R/S	b_1
			R/S	c_1
			R/S	d_1
			⋮	⋮
			R/S	a_n
			R/S	b_n
			R/S	c_n
			R/S	d_n

Registerinhalte

$R_{00}, \ldots, R_{08}$: Programmzeiger
$R_k, \ldots, R_{k+n}$: $f(x_0), \ldots, f(x_n)$
$R_{k+n+1}, \ldots, R_{k+2n}$: $c_1, \ldots, c_n$
$R_{k+2n+1}, \ldots, R_{k+3n}$: $b_1, \ldots, b_n$
$R_{k+3n+1}, \ldots, R_{k+4n}$: $d_1, \ldots, d_n$
$R_{k+4n+1}, \ldots, R_{k+5n-1}$: Zwischenergebnisse

Bemerkung

Das Programm berechnet kubische Interpolationssplines für bis zu $n = 10$ Segmente.

Beispiel

Die Funktion $f(x) = \sin \pi x$ soll im Intervall [0, 2] interpoliert werden. Es steht folgende Tabelle zur Verfügung

x_i	0	0.5	1	1.5	2
$f(x_i)$	0	1	0	−1	0

Damit ist also $n = 4$ und $h = 0.5$

Anmerkungen		Eingabe	Taste	Anzeige
Magnetkarten einlesen (Block 1, 2)				2
Programmbeginn			A	2
Eingabe von:	k	9	R/S	0
	$f(x_0)$	0	R/S	1
	$f(x_1)$	1	R/S	2
	$f(x_2)$	0	R/S	3
	$f(x_3)$	−1	R/S	4
	$f(x_4)$	0	R/S	5
Ende der Koeffizienteneingabe			B	5
Eingabe von:	h	0.5	R/S	0.5
	n	4	R/S	4
	k	9	R/S	
Anzeige von:	a_1			0
	b_1		R/S	3
	c_1		R/S	0
	d_1		R/S	−4
	a_2		R/S	1
	b_2		R/S	0
	c_2		R/S	−6
	d_2		R/S	4
	a_3		R/S	0
	b_3		R/S	−3
	c_3		R/S	2 −12
	d_3		R/S	4
	a_4		R/S	−1
	b_4		R/S	2 −12
	c_4		R/S	6
	d_4		R/S	−4

Programm 4.9	Interpolation durch kubische Splines

```
000  76  LBL
001  11   A
002  91  R/S
003  42  STO
004  00   00
005  00   0
006  42  STO
007  01   01
008  76  LBL
009  22  INV
010  43  RCL
011  01   01
012  91  R/S
013  72  ST*
014  00   00
015  01   1
016  44  SUM
017  00   00
018  44  SUM
019  01   01
020  61  GTO
021  22  INV
022  76  LBL
023  12   B
024  91  R/S
025  42  STO
026  02   02
027  91  R/S
028  42  STO
029  00   00
030  91  R/S
031  42  STO
032  01   01
033  85   +
034  43  RCL
035  00   00
036  85   +
037  01   1
038  95   =
039  42  STO
040  03   03
041  85   +
042  43  RCL
043  00   00
044  95   =
045  42  STO
046  06   06
047  00   0
048  72  ST*
049  03   03
050  72  ST*
051  06   06
052  43  RCL
053  01   01
054  42  STO
055  03   03
056  85   +
057  01   1
058  95   =
059  42  STO
060  04   04
061  85   +
062  01   1
063  95   =
064  42  STO
065  05   05
066  01   1
067  44  SUM
068  06   06
069  03   3
070  55   ÷
071  43  RCL
072  02   02
073  33  X²
074  95   =
075  42  STO
076  07   07
077  43  RCL
078  00   00
079  75   -
080  01   1
081  95   =
082  42  STO
083  08   08
084  76  LBL
085  23  LNX
086  73  RC*
087  03   03
088  75   -
089  02   2
090  65   ×
091  73  RC*
092  04   04
093  85   +
094  73  RC*
095  05   05
096  95   =
097  65   ×
098  43  RCL
099  07   07
100  95   =
101  72  ST*
102  06   06
103  71  SBR
104  16  A'
105  97  DSZ
106  08   08
107  23  LNX
108  04   4
109  35  1/X
110  72  ST*
111  06   06
112  43  RCL
113  06   06
114  85   +
115  01   1
116  95   =
117  42  STO
118  03   03
119  43  RCL
120  00   00
121  75   -
122  01   1
123  95   =
124  42  STO
125  04   04
126  76  LBL
127  24  CE
128  04   4
129  75   -
130  73  RC*
131  06   06
132  95   =
133  35  1/X
134  72  ST*
135  03   03
136  01   1
137  44  SUM
138  03   03
139  44  SUM
140  06   06
141  97  DSZ
142  04   04
143  24  CE
144  43  RCL
145  01   01
146  85   +
147  02   2
148  65   ×
149  43  RCL
150  00   00
151  85   +
152  02   2
153  95   =
154  42  STO
155  03   03
156  85   +
157  43  RCL
158  00   00
159  75   -
160  01   1
161  95   =
162  42  STO
163  04   04
164  85   +
165  43  RCL
166  00   00
167  95   =
168  42  STO
169  06   06
170  85   +
171  01   1
172  95   =
173  42  STO
174  05   05
175  73  RC*
176  03   03
177  65   ×
178  73  RC*
179  04   04
180  95   =
181  72  ST*
182  06   06
183  01   1
184  44  SUM
185  03   03
186  44  SUM
187  04   04
188  43  RCL
189  00   00
190  75   -
191  02   2
192  95   =
193  42  STO
194  07   07
195  76  LBL
196  25  CLR
197  73  RC*
198  03   03
199  75   -
200  73  RC*
201  06   06
202  95   =
203  65   ×
204  73  RC*
205  04   04
206  95   =
207  72  ST*
208  05   05
209  71  SBR
210  16  A'
211  97  DSZ
212  07   07
213  25  CLR
214  43  RCL
215  01   01
216  85   +
217  02   2
218  65   ×
219  43  RCL
220  00   00
221  95   =
222  42  STO
223  03   03
224  42  STO
225  06   06
226  85   +
227  02   2
228  65   ×
229  43  RCL
230  00   00
231  75   -
```

```
232  01  1
233  95  =
234  42  STO
235  04  04
236  85  +
237  43  RCL
238  00  00
239  95  =
240  42  STO
241  05  05
242  73  RC*
243  05  05
244  72  ST*
245  03  03
246  01  1
247  94  +/-
248  44  SUM
249  03  03
250  44  SUM
251  05  05
252  44  SUM
253  04  04
254  43  RCL
255  00  00
256  75  -
257  02  2
258  95  =
259  42  STO
260  07  07
261  76  LBL
262  32  X:T
263  73  RC*
264  05  05
265  75  -
266  73  RC*
267  04  04
268  65  ×
269  73  RC*
270  06  06
271  95  =
272  72  ST*
273  03  03
274  01  1
275  94  +/-
276  44  SUM
277  03  03
278  44  SUM
279  04  04
280  44  SUM
281  05  05
282  44  SUM
283  06  06
284  97  DSZ
285  07  07
286  32  X:T
287  43  RCL
288  01  01
289  42  STO
290  03  03
291  85  +
292  01  1
293  95  =
294  42  STO
295  04  04
296  85  +
297  43  RCL
298  00  00
299  95  =
300  42  STO
301  05  05
302  85  +
303  01  1
304  95  =
305  42  STO
306  06  06
307  85  +
308  43  RCL
309  00  00
310  95  =
311  42  STO
312  07  07
313  43  RCL
314  00  00
315  42  STO
316  08  08
317  76  LBL
318  34  √X
319  53  (
320  73  RC*
321  04  04
322  75  -
323  73  RC*
324  03  03
325  54  )
326  55  ÷
327  43  RCL
328  02  02
329  75  -
330  43  RCL
331  02  02
332  65  ×
333  53  (
334  73  RC*
335  06  06
336  85  +
337  02  2
338  65  ×
339  73  RC*
340  05  05
341  54  )
342  55  ÷
343  03  3
344  95  =
345  72  ST*
346  07  07
347  71  SBR
348  16  A'
349  01  1
350  44  SUM
351  07  07
352  97  DSZ
353  08  08
354  34  √X
355  43  RCL
356  07  07
357  42  STO
358  03  03
359  43  RCL
360  01  01
361  85  +
362  43  RCL
363  00  00
364  85  +
365  01  1
366  95  =
367  42  STO
368  04  04
369  85  +
370  01  1
371  95  =
372  42  STO
373  05  05
374  43  RCL
375  00  00
376  42  STO
377  06  06
378  76  LBL
379  35  1/X
380  73  RC*
381  05  05
382  75  -
383  73  RC*
384  04  04
385  95  =
386  55  ÷
387  03  3
388  55  ÷
389  43  RCL
390  02  02
391  95  =
392  72  ST*
393  03  03
394  01  1
395  44  SUM
396  03  03
397  44  SUM
398  04  04
399  44  SUM
400  05  05
401  97  DSZ
402  06  06
403  35  1/X
404  43  RCL
405  01  01
406  42  STO
407  03  03
408  85  +
409  02  2
410  65  ×
411  43  RCL
412  00  00
413  85  +
414  02  2
415  95  =
416  42  STO
417  04  04
418  75  -
419  43  RCL
420  00  00
421  75  -
422  01  1
423  95  =
424  42  STO
425  05  05
426  85  +
427  02  2
428  65  ×
429  43  RCL
430  00  00
431  85  +
432  01  1
433  95  =
434  42  STO
435  06  06
436  43  RCL
437  00  00
438  42  STO
439  07  07
440  76  LBL
441  42  STO
442  73  RC*
443  03  03
444  91  R/S
445  73  RC*
446  04  04
447  91  R/S
448  73  RC*
449  05  05
450  91  R/S
451  73  RC*
452  06  06
453  91  R/S
454  71  SBR
455  16  A'
456  97  DSZ
457  07  07
458  42  STO
459  91  R/S
460  76  LBL
461  16  A'
462  53  (
463  01  1
464  44  SUM
465  03  03
466  44  SUM
467  04  04
468  44  SUM
469  05  05
470  44  SUM
471  06  06
472  54  )
473  92  RTN
```

5 Numerische Differentiation und Integration

5.1 Numerische Differentiation

Um näherungsweise die Ableitungen $f^{(k)}$ einer Funktion f an einer Stelle x zu bestimmen, liegt es nahe, f in der Umgebung von x durch ein Stützpolynom vom Grad n mit n+1 äquidistanten Stützstellen $x_i = x_0 + i\,h, \quad i = 0, \ldots, n,$ anzunähern und dieses zu differenzieren. Das Programm liefert Näherungen für die in der Tabelle aufgeführten Ableitungen

$$f_r^{(k)} := f^{(k)}(x_0 + r\,h) .$$

Anzahl der Stützstellen	Das Programm berechnet Näherungswerte für:		
m = 2	f'_0	$f'_{1/2}$	f'_1
m = 3	f'_0 f''_0	f'_1 f''_1	f'_2 f''_2
m = 4	f'_0 f''_0 f'''_0	$f'_{3/2}$ $f''_{3/2}$ $f'''_{3/2}$	f'_3 f''_3 f'''_3

Einzugeben sind außer den Stützwerten $f_0, \ldots, f_n$ die Zahlen $m := n+1$, $r := \frac{x - x_0}{h}$ und $k :=$ Ordnung der Ableitung sowie h.

Programminstruktionen

	Verfahren	Eingabe	Taste	Anzeige
1	Magnetkarte einlesen (Block 1, 2)			2
2	Programmbeginn		A	0
3	Eingabe von $m, r, k, h, f_0, \ldots, f_n$	m r k h f_0 ⋮ f_n	R/S R/S R/S R/S R/S ⋮ R/S	1 2 3 4 5 ⋮ n+5
4	Ende der Koeffizienteneingabe		B	
5	Ergebnisanzeige			$f_r^{(k)}$

Registerinhalte

$R_{00}, \ldots, R_{08}$: Programmzeiger

Bemerkung

Werden die Zahlen m, r und k in einer Kombination eingegeben, die in der Tabelle nicht auftritt, so hält das Programm und der Rechner zeigt dies durch eine blinkende Anzeige an.

Beispiel

Gesucht ist eine Näherung für die 1. Ableitung der Funktion $f(x) = \sin x$ an der Stelle $\pi/4$. Gegeben ist die Tabelle

x_i	0	$\pi/6$	$\pi/3$	$\pi/2$
$\sin x_i$	0	1/2	$\sqrt{3}/2$	1

Es ist also

$$m = 4, \quad r = \frac{x - x_0}{h} = \frac{\pi/4 - 0}{\pi/6} = 1.5, \quad k = 1 \quad \text{und} \quad h = \pi/6 .$$

Anmerkungen	Eingabe	Taste	Anzeige
Magnetkarte einlesen (Block 1, 2)			2
Programmbeginn		A	0
Eingabe von: m	4	R/S	1
r	1.5	R/S	2
k	1	R/S	3
h		2nd	
		π	3.141592654
		÷	
	6	=	.5235987756
		R/S	4
f_0	0	R/S	5
f_1	0.5	R/S	6
f_2	3	$\sqrt{x}$	1.732050808
		÷	
	2	=	.8660254038
		R/S	7
f_3	1	R/S	8
Ende der Koeffizienteneingabe		B	
Anzeige von: $f'_{3/2}$			.7068616846

Der exakte Wert ist .7071067812

Programm 5.1	Numerische Differentiation

```
000  76 LBL
001  11  A
002  00  0
003  42 STO
004  08  08
005  42 STO
006  09  09
007  43 RCL
008  09  09
009  91 R/S
010  72 ST*
011  08  08
012  01  1
013  44 SUM
014  08  08
015  44 SUM
016  09  09
017  61 GTO
018  00  00
019  07  07
020  76 LBL
021  12  B
022  29 CP
023  43 RCL
024  00  00
025  75  -
026  02  2
027  95  =
028  67  EQ
029  15  E
030  43 RCL
031  00  00
032  75  -
033  03  3
034  95  =
035  67  EQ
036  13  C
037  43 RCL
038  00  00
039  75  -
040  04  4
041  95  =
042  67  EQ
043  14  D
044  61 GTO
045  99 PRT
046  76 LBL
047  15  E
048  43 RCL
049  04  04
050  94 +/-
051  85  +
052  43 RCL
053  05  05
054  95  =
055  55  ÷
056  43 RCL
057  03  03
058  95  =
059  91 R/S
060  76 LBL
061  13  C
062  43 RCL
063  02  02
064  75  -
065  01  1
066  95  =
067  67  EQ
068  16  A'
069  43 RCL
070  02  02
071  75  -
072  02  2
073  95  =
074  67  EQ
075  17  B'
076  61 GTO
077  99 PRT
078  76 LBL
079  16  A'
080  43 RCL
081  01  01
082  67  EQ
083  22 INV
084  43 RCL
085  01  01
086  75  -
087  01  1
088  95  =
089  67  EQ
090  23 LNX
091  43 RCL
092  01  01
093  75  -
094  02  2
095  95  =
096  67  EQ
097  24 CE
098  61 GTO
099  99 PRT
100  76 LBL
101  22 INV
102  43 RCL
103  04  04
104  65  ×
105  03  3
106  94 +/-
107  85  +
108  04  4
109  65  ×
110  43 RCL
111  05  05
112  75  -
113  43 RCL
114  06  06
115  95  =
116  55  ÷
117  02  2
118  55  ÷
119  43 RCL
120  03  03
121  95  =
122  91 R/S
123  76 LBL
124  23 LNX
125  43 RCL
126  04  04
127  94 +/-
128  85  +
129  43 RCL
130  06  06
131  95  =
132  55  ÷
133  02  2
134  55  ÷
135  43 RCL
136  03  03
137  95  =
138  91 R/S
139  76 LBL
140  24 CE
141  43 RCL
142  04  04
143  75  -
144  04  4
145  65  ×
146  43 RCL
147  05  05
148  85  +
149  03  3
150  65  ×
151  43 RCL
152  06  06
153  95  =
154  55  ÷
155  02  2
156  55  ÷
157  43 RCL
158  03  03
159  95  =
160  91 R/S
161  76 LBL
162  17  B'
163  43 RCL
164  04  04
165  75  -
166  02  2
167  65  ×
168  43 RCL
169  05  05
170  85  +
171  43 RCL
172  06  06
173  95  =
174  55  ÷
175  43 RCL
176  03  03
177  33 X²
178  95  =
179  91 R/S
180  76 LBL
181  14  D
182  43 RCL
183  02  02
184  75  -
185  01  1
186  95  =
187  67  EQ
188  18  C'
189  43 RCL
190  02  02
191  75  -
192  02  2
193  95  =
194  67  EQ
195  19  D'
196  43 RCL
197  02  02
198  75  -
199  03  3
200  95  =
201  67  EQ
202  10  E'
203  61 GTO
204  99 PRT
205  76 LBL
206  18  C'
207  43 RCL
208  01  01
209  67  EQ
210  25 CLR
211  43 RCL
212  01  01
213  75  -
214  01  1
215  93  .
216  05  5
217  95  =
218  67  EQ
219  32 X⇌T
220  43 RCL
221  01  01
222  75  -
223  03  3
224  95  =
225  67  EQ
226  33 X²
227  61 GTO
228  99 PRT
229  76 LBL
230  25 CLR
231  43 RCL
```

```
232  04   04
233  65   ×
234  01   1
235  01   1
236  94   +/-
237  85   +
238  43   RCL
239  05   05
240  65   ×
241  01   1
242  08   8
243  75   -
244  43   RCL
245  06   06
246  65   ×
247  09   9
248  85   +
249  43   RCL
250  07   07
251  65   ×
252  02   2
253  95   =
254  55   ÷
255  06   6
256  55   ÷
257  43   RCL
258  03   03
259  95   =
260  91   R/S
261  76   LBL
262  32   X:T
263  43   RCL
264  04   04
265  75   -
266  43   RCL
267  05   05
268  65   ×
269  02   2
270  07   7
271  85   +
272  43   RCL
273  06   06
274  65   ×
275  02   2
276  07   7
277  75   -
278  43   RCL
279  07   07
280  95   =
281  55   ÷
282  02   2
283  04   4
284  55   ÷
285  43   RCL
286  03   03
287  95   =
288  91   R/S
289  76   LBL
290  33   X²
291  43   RCL
292  04   04
293  65   ×
294  02   2
295  94   +/-
296  85   +
297  43   RCL
298  05   05
299  65   ×
300  09   9
301  75   -
302  43   RCL
303  06   06
304  65   ×
305  01   1
306  08   8
307  85   +
308  43   RCL
309  07   07
310  65   ×
311  01   1
312  01   1
313  95   =
314  55   ÷
315  06   6
316  55   ÷
317  43   RCL
318  03   03
319  95   =
320  91   R/S
321  76   LBL
322  19   D'
323  43   RCL
324  01   01
325  67   EQ
326  34   ΓX
327  43   RCL
328  01   01
329  75   -
330  01   1
331  93   .
332  05   5
333  95   =
334  67   EQ
335  35   1/X
336  43   RCL
337  01   01
338  75   -
339  03   3
340  95   =
341  67   EQ
342  42   STO
343  61   GTO
344  99   PRT
345  76   LBL
346  34   ΓX
347  43   RCL
348  04   04
349  65   ×
350  02   2
351  75   -
352  43   RCL
353  05   05
354  65   ×
355  05   5
356  85   +
357  43   RCL
358  06   06
359  65   ×
360  04   4
361  75   -
362  43   RCL
363  07   07
364  95   =
365  55   ÷
366  43   RCL
367  03   03
368  33   X²
369  95   =
370  91   R/S
371  76   LBL
372  35   1/X
373  43   RCL
374  04   04
375  75   -
376  43   RCL
377  05   05
378  75   -
379  43   RCL
380  06   06
381  85   +
382  43   RCL
383  07   07
384  95   =
385  55   ÷
386  02   2
387  55   ÷
388  43   RCL
389  03   03
390  33   X²
391  95   =
392  91   R/S
393  76   LBL
394  42   STO
395  43   RCL
396  04   04
397  94   +/-
398  85   +
399  04   4
400  65   ×
401  43   RCL
402  05   05
403  75   -
404  05   5
405  65   ×
406  43   RCL
407  06   06
408  85   +
409  02   2
410  65   ×
411  43   RCL
412  07   07
413  95   =
414  55   ÷
415  43   RCL
416  03   03
417  33   X²
418  95   =
419  91   R/S
420  76   LBL
421  15   E
422  43   RCL
423  04   04
424  94   +/-
425  85   +
426  03   3
427  65   ×
428  43   RCL
429  05   05
430  75   -
431  03   3
432  65   ×
433  43   RCL
434  06   06
435  85   +
436  43   RCL
437  07   07
438  95   =
439  55   ÷
440  43   RCL
441  03   03
442  55   ÷
443  43   RCL
444  03   03
445  33   X²
446  95   =
447  91   R/S
```

5.2 Sehnentrapezsumme

Als Näherung für den Wert $\int_a^b f(x)\,dx$ benutzt man die Sehnentrapezsumme S_N, die man durch Aufteilen des Intervalls [a, b] in 2^N Teilintervalle erhält. Es ist

$$S_N = \frac{b-a}{2^{N+1}}\left(f(a) + f(b) + 2\sum_{i=1}^{2^N-1} f\left(a + i\,\frac{b-a}{2^N}\right)\right).$$

Die Funktion f wird als Unterprogramm eingegeben. Dabei ist folgendes zu beachten:

1. Die Funktionsvorschrift ist in Klammern einzuschließen.
2. Für x ist RCL 00 zu setzen.
3. Die Taste = darf nicht verwendet werden.
4. Die Eingabe der Funktionsvorschrift ist mit INV SBR abzuschließen.

Programminstruktionen

	Verfahren	Eingabe	Taste	Anzeige
1	Magnetkarte einlesen (Block 1)			1
2	Eingabe der Funktionsvorschrift f(x)		GTO	
			x^2	
			LRN	101 00
			(	102 00
			:	: :
			)	XXX 00
			INV	XXX 00
			SBR	XXX 00
			LRN	1
3	Programmbeginn		A	1
4	Eingabe von a, b und N	a	R/S	a
		b	R/S	b
		N	R/S	
5	Ergebnisanzeige			S_N

Registerinhalte

$R_{00}, \ldots, R_{06}$: Programmzeiger

Beispiel

Gesucht ist eine Näherung für $I = \int_0^1 \frac{dx}{1+x^2}$ mit N = 3.

Anmerkungen		Eingabe	Taste	Anzeige
Magnetkarte einlesen (Block 1)				1
Eingabe der Funktionsvorschrift			GTO	
			x^2	
			LRN	101 00
			(	102 00
			(	103 00
			RCL	104 00
			00	105 00
			x^2	106 00
			+	107 00
			1	108 00
			)	109 00
			1/x	110 00
			)	111 00
			INV	112 00
			SBR	112 00
			LRN	1
Programmbeginn			A	1
Eingabe von:	a	0	R/S	0
	b	1	R/S	1
	N	3	R/S	
Anzeige von:	S_N			.7847471236

Es ist I = arctan 1 = .7853981634

Programm 5.2	**Sehnentrapezsumme**

```
000  76 LBL
001  11  A
002  29 CP
003  91 R/S
004  42 STO
005  00  00
006  42 STO
007  01  01
008  91 R/S
009  42 STO
010  02  02
011  91 R/S
012  42 STO
013  03  03
014  00  0
015  42 STO
016  05  05
017  71 SBR
018  33 X²
019  44 SUM
020  05  05
021  43 RCL
022  02  02
023  42 STO
024  00  00
025  71 SBR
026  33 X²
027  44 SUM
028  05  05
029  02  2
030  22 INV
031  49 PRD
032  05  05
033  53  (
034  02  2
035  45 YX
036  43 RCL
037  03  03
038  54  )
039  52 EE
040  22 INV
041  52 EE
042  35 1/X
043  65  ×
044  53  (
045  43 RCL
046  02  02
047  75  -
048  43 RCL
049  01  01
050  54  )
051  95  =
052  42 STO
053  06  06
054  85  +
055  43 RCL
056  01  01
057  95  =
058  42 STO
059  00  00
060  02  2
061  45 YX
062  43 RCL
063  03  03
064  75  -
065  01  1
066  95  =
067  52 EE
```

```
068  22 INV     076  13  C      084  06  06     092  43 RCL
069  52 EE      077  76 LBL     085  44 SUM     093  05  05
070  42 STO     078  12  B      086  00  00     094  65  ×
071  04  04     079  71 SBR     087  97 DSZ     095  43 RCL
072  22 INV     080  33 X²      088  04  04     096  06  06
073  77  GE     081  44 SUM     089  12  B      097  95  =
074  13  C      082  05  05     090  76 LBL     098  91 R/S
075  67  EQ     083  43 RCL     091  13  C      099  76 LBL
                                                100  33 X²
```

5.3 Romberg-Integration

Betrachtet man zur Approximation des Wertes $\int_a^b f(x)\,dx$ die Folge der Sehnentrapezsummen $S_0, \ldots, S_N$, so läßt sich die Konvergenz dieser Näherungsfolge durch wiederholte Extrapolation nach der Formel

$$S_{i,\ldots,k} = \frac{S_{i+1,\ldots,k} - 4^{k-i} S_{i,\ldots,k-1}}{1 - 4^{k-i}} \qquad k = 1, \ldots, N \quad i = k-1, \ldots, 0$$

beschleunigen. Das Programm liefert als Näherung für das Integral den Wert $S_{0,\ldots,N}$. Die Funktion f wird als Unterprogramm eingegeben. Dabei ist folgendes zu beachten:

1. Die Funktionsvorschrift f(x) ist in Klammern einzuschließen.
2. Für x ist RCL 00 zu setzen.
3. Die Taste = darf nicht verwendet werden.
4. Die Eingabe der Funktionsvorschrift ist mit INV SBR abzuschließen.

Programminstruktionen

	Verfahren	Eingabe	Taste	Anzeige
1	Magnetkarte einlesen (Block 1)			1
2	Eingabe der Funktionsvorschrift f(x)		GTO	
			x^2	
			LRN	204 00
			(	205 00
			⋮	⋮ ⋮
			)	XXX 00
			INV	XXX 00
			SBR	XXX 00
			LRN	1
3	Programmbeginn		A	1
4	Eingabe von a, b und N	a	R/S	a
		b	R/S	b
		N	R/S	
5	Ergebnisanzeige			$S_{0,\ldots,N}$

Registerinhalte

$R_{00}, \ldots, R_{09}$: Programmzeiger
$R_{10}, \ldots, R_{N+10}$: $S_0, \ldots, S_N$

Bemerkung

Die $S_0, \ldots, S_N$ werden durch die $S_{i, \ldots, k}$ „überschrieben".

Beispiel

Gesucht ist eine Näherung für $I = \int_0^1 \frac{dx}{1+x^2}$ mit N = 3.

Anmerkungen	Eingabe	Taste	Anzeige
Magnetkarte einlesen (Block 1)			1
Eingabe der Funktionsvorschrift f(x)		GTO	
		x^2	
		LRN	204 00
		(	205 00
		(	206 00
		RCL	207 00
		00	208 00
		x^2	209 00
		+	210 00
		1	211 00
		)	212 00
		1/x	213 00
		)	214 00
		INV	215 00
		SBR	215 00
		LRN	1
Programmbeginn		A	1
Eingabe von: a	0	R/S	0
b	1	R/S	1
N	3	R/S	
Anzeige von: $S_{0,1,2,3}$			.7853964459

Es ist I = arctan 1 = .7853981634

Programm 5.3	Romberg-Integration

```
000  76 LBL
001  11  A
002  91 R/S
003  42 STO
004  03  03
005  91 R/S
006  42 STO
007  01  01
008  91 R/S
009  42 STO
010  02  02
011  42 STO
012  07  07
013  42 STO
014  09  09
015  01  1
016  01  1
017  42 STO
018  08  08
019  43 RCL
020  03  03
021  71 SBR
022  34 √X
023  85  +
024  43 RCL
025  01  01
026  71 SBR
027  34 √X
028  95  =
029  42 STO
030  04  04
031  42 STO
032  10  10
033  43 RCL
034  03  03
035  22 INV
036  44 SUM
037  01  01
038  43 RCL
039  01  01
040  55  ÷
041  02  2
042  95  =
043  49 PRD
044  04  04
045  49 PRD
046  10  10
047  76 LBL
048  12  B
049  02  2
050  22 INV
051  49 PRD
052  01  01
053  00  0
054  42 STO
055  05  05
056  02  2
057  45 YX
058  53  (
059  43 RCL
060  07  07
061  75  -
062  43 RCL
063  09  09
064  54  )
065  95  =
066  52 EE
067  22 INV
068  52 EE
069  42 STO
070  06  06
071  76 LBL
072  35 1/X
073  53  (
074  02  2
075  65  ×
076  43 RCL
077  06  06
078  75  -
079  01  1
080  54  )
081  65  ×
082  43 RCL
083  01  01
084  85  +
085  43 RCL
086  03  03
087  95  =
088  71 SBR
089  34 √X
090  95  =
091  44 SUM
092  05  05
093  97 DSZ
094  06  06
095  35 1/X
096  02  2
097  65  ×
098  43 RCL
099  01  01
100  95  =
101  49 PRD
102  05  05
103  43 RCL
104  05  05
105  44 SUM
106  04  04
107  02  2
108  22 INV
109  49 PRD
110  04  04
111  43 RCL
112  04  04
113  72 ST*
114  08  08
115  01  1
116  44 SUM
117  08  08
118  97 DSZ
119  09  09
120  12  B
121  43 RCL
122  02  02
123  42 STO
124  05  05
125  01  1
126  42 STO
127  00  00
128  42 STO
129  06  06
130  76 LBL
131  42 STO
132  01  1
133  42 STO
134  01  01
135  01  1
136  00  0
137  85  +
138  43 RCL
139  02  02
140  75  -
141  43 RCL
142  05  05
143  95  =
144  42 STO
145  03  03
146  85  +
147  01  1
148  95  =
149  42 STO
150  04  04
151  76 LBL
152  43 RCL
153  04  4
154  49 PRD
155  01  01
156  53  (
157  43 RCL
158  01  01
159  65  ×
160  73 RC*
161  04  04
162  75  -
163  73 RC*
164  03  03
165  54  )
166  55  ÷
167  53  (
168  43 RCL
169  01  01
170  75  -
171  01  1
172  54  )
173  95  =
174  72 ST*
175  03  03
176  01  1
177  94 +/-
178  44 SUM
179  03  03
180  44 SUM
181  04  04
182  97 DSZ
183  06  06
184  43 RCL
185  01  1
186  44 SUM
187  00  00
188  43 RCL
189  00  00
190  42 STO
191  06  06
192  97 DSZ
193  05  05
194  42 STO
195  43 RCL
196  10  10
197  91 R/S
198  76 LBL
199  34 √X
200  42 STO
201  00  00
202  76 LBL
203  33 X²
```

5.4 Das Eulersche Polygonzugverfahren

Gegeben sei eine gewöhnliche Differentialgleichung erster Ordnung mit Anfangsbedingung

$$y' = f(x, y); \; y(a) = y_a .$$

Gesucht ist $y(b) = y_b$. Die Grundidee des Polygonzugverfahrens besteht darin, das Intervall $[a, b]$ in n gleiche Teile zu teilen und die Lösungskurve $y(x)$ durch den Streckenzug mit den Ecken (x_i, η_i) zu ersetzen. Beim Eulerschen Polygonzugverfahren ist

$$x_{k+1} = x_k + \frac{b-a}{n}, \quad x_0 = a$$

$$\eta_{k+1} = \eta_k + \frac{b-a}{n} f(x_k, \eta_k), \quad k = 0, \ldots, n-1.$$

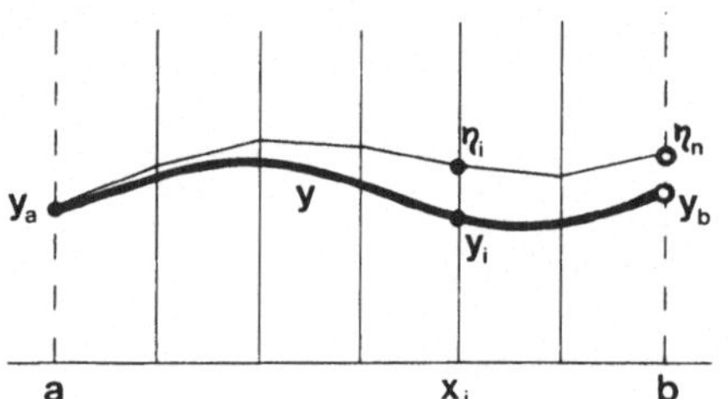

Die Funktion f wird als Unterprogramm eingegeben. Dabei ist folgendes zu beachten:

1. Die Funktionsvorschrift $f(x, y)$ ist in Klammern einzuschließen.
2. Für x ist RCL 00, für y RCL 01 zu setzen.
3. Die Taste = darf nicht verwendet werden.
4. Die Eingabe der Funktionsvorschrift ist mit INV SBR abzuschließen.

Programminstruktionen

	Verfahren	Eingabe	Taste	Anzeige
1	Magnetkarte einlesen (Block 1)			1
2	Eingabe der Funktionsvorschrift $f(x, y)$		GTO	
			x^2	
			LRN	048 00
			(	049 00
			⋮	⋮ ⋮
			)	XXX 00
			INV	XXX 00
			SBR	XXX 00
			LRN	1
3	Programmbeginn		A	1
4	Eingabe von a, b, y_a und n	a	R/S	a
		b	R/S	b
		y_a	R/S	y_a
		n	R/S	
5	Ergebnisanzeige			η_n

Registerinhalte

$R_{00}, \ldots, R_{04}$: Programmzeiger

Beispiel

Gegeben ist die Anfangswertaufgabe $y' = \frac{x}{y}$, $y(1) = 2$. In $n = 10$ Schritten soll eine Näherung für $y(1.5)$ gefunden werden.

Anmerkungen	Eingabe	Taste	Anzeige
Magnetkarte einlesen (Block 1)			1
Eingabe der Funktionsvorschrift f(x, y)		GTO	
		x^2	
		LRN	048 00
		(	049 00
		RCL	050 00
		00	051 00
		÷	052 00
		RCL	053 00
		01	054 00
		)	055 00
		INV	056 00
		SBR	056 00
		LRN	1
Programmbeginn		A	1
Eingabe von: a	1	R/S	1
b	1.5	R/S	1.5
y_a	2	R/S	2
n	10	R/S	
Anzeige von: η_n			2.287646401

Es ist $y = \sqrt{x^2 + 3}$ und $y(1.5) = 2.291287847$.

Programm 5.4	Das Eulersche Polygonzugverfahren

```
000  76 LBL     012  42 STO     024  42 STO     036  43 RCL
001  11  A      013  03  03     025  02  02     037  02  02
002  91 R/S     014  43 RCL     026  76 LBL     038  44 SUM
003  42 STO     015  04  04     027  12  B      039  00  00
004  00  00     016  75  -      028  71 SBR     040  97 DSZ
005  91 R/S     017  43 RCL     029  33 X²      041  03  03
006  42 STO     018  00  00     030  65  ×      042  12  B
007  04  04     019  95  =      031  43 RCL     043  43 RCL
008  91 R/S     020  55  ÷      032  02  02     044  01  01
009  42 STO     021  43 RCL     033  95  =      045  91 R/S
010  01  01     022  03  03     034  44 SUM     046  76 LBL
011  91 R/S     023  95  =      035  01  01     047  33 X²
```

5.5 Das Verfahren von Heun

Gegeben sei eine gewöhnliche Differentialgleichung erster Ordnung mit Anfangsbedingung

$$y' = f(x, y), \quad y(a) = y_a .$$

Gesucht ist $y(b) = y_b$. Das Programm bestimmt eine Näherung für y_b in n Schritten (für $i = 0, \ldots, n-1$) nach den Formeln

$$\eta_{i+1} = \eta_i + F(x_i, \eta_i)$$

mit $F = \frac{1}{2}(f_0 + f_1)$

und $f_0 = h \cdot f(x_i, \eta_i)$, $f_1 = h \cdot f(x_i + h, \eta_i + h \cdot f_0)$

mit $h = \frac{b-a}{n}$ und $x_i = a + ih$. Die Funktion f wird als Unterprogramm eingegeben. Dabei ist folgendes zu beachten:

1. Die Funktionsvorschrift f(x, y) ist in Klammern einzuschließen.
2. Für x ist RCL 00, für y RCL 01 zu setzen.
3. Die Taste = darf nicht verwendet werden.
4. Die Eingabe der Funktionsvorschrift ist mit INV SBR abzuschließen.

Programminstruktionen

	Verfahren	Eingabe	Taste	Anzeige
1	Magnetkarte einlesen (Block 1)			1
2	Eingabe der Funktionsvorschrift f(x, y)		GTO	
			x^2	
			LRN	088 00
			(	089 00
			⋮	⋮ ⋮
			)	XXX 00
			INV	XXX 00
			SBR	XXX 00
			LRN	1
3	Programmbeginn		A	1
4	Eingabe von a, b, y_a und n	a	R/S	a
		b	R/S	b
		y_a	R/S	y_a
		n	R/S	
5	Ergebnisanzeige			η_n

Registerinhalte

$R_{00}, \ldots, R_{08}$: Programmzeiger

Beispiel

Gegeben ist das Anfangswertproblem $y' = \frac{x}{y}$, $y(1) = 2$. In $n = 10$ Schritten soll eine Näherung für $y(1.5)$ bestimmt werden.

Anmerkungen	Eingabe	Taste	Anzeige
Magnetkarte einlesen (Block 1)			1
Eingabe der Funktionsvorschrift f(x, y)		GTO	
		x^2	
		LRN	088 00
		(	089 00
		RCL	090 00
		00	091 00
		÷	092 00
		RCL	093 00
		01	094 00
		)	095 00
		INV	096 00
		SBR	096 00
		LRN	1
Programmbeginn		A	1
Eingabe von: a	1	R/S	1
b	1.5	R/S	1.5
y_a	2	R/S	2
n	10	R/S	
Anzeige von: η_{10}			2.291263323

Es ist $y = \sqrt{x^2 + 3}$ und $y(1.5) = 2.291287847$.

Programm 5.5	Das Verfahren von Heun

000	76	LBL	022	00	00	044	06	06	066	02	2
001	11	A	023	95	=	045	42	STO	067	85	+
002	91	R/S	024	55	÷	046	01	01	068	43	RCL
003	42	STO	025	43	RCL	047	43	RCL	069	05	05
004	00	00	026	03	03	048	04	04	070	95	=
005	91	R/S	027	95	=	049	44	SUM	071	42	STO
006	42	STO	028	42	STO	050	00	00	072	01	01
007	02	02	029	04	04	051	02	2	073	97	DSZ
008	91	R/S	030	76	LBL	052	42	STO	074	08	08
009	42	STO	031	12	B	053	08	08	075	13	C
010	01	01	032	71	SBR	054	76	LBL	076	43	RCL
011	42	STO	033	33	X^2	055	13	C	077	01	01
012	05	05	034	42	STO	056	71	SBR	078	42	STO
013	42	STO	035	07	07	057	33	X^2	079	05	05
014	06	06	036	65	×	058	85	+	080	97	DSZ
015	91	R/S	037	43	RCL	059	43	RCL	081	03	03
016	42	STO	038	04	04	060	07	07	082	12	B
017	03	03	039	85	+	061	95	=	083	43	RCL
018	43	RCL	040	43	RCL	062	65	×	084	01	01
019	02	02	041	05	05	063	43	RCL	085	91	R/S
020	75	-	042	95	=	064	04	04	086	76	LBL
021	43	RCL	043	42	STO	065	55	÷	087	33	X^2

5.6 Das klassische Runge-Kutta-Verfahren

Gegeben sei eine gewöhnliche Differentialgleichung erster Ordnung mit Anfangsbedingung

$$y' = f(x, y), \quad y(a) = y_a .$$

Gesucht ist $y(b) = y_b$. Das Programm liefert eine Näherung η_n für y_b nach den Formeln

$$\eta_{i+1} = \eta_i + F(x_i, \eta_i), \qquad i = 0, \ldots, n-1$$

mit $F = \frac{1}{6}(f_0 + 2f_1 + 2f_2 + f_3)$

und $f_0 = h \cdot f(x_i, \eta_i)$, $f_1 = h \cdot f\left(x_i + \frac{h}{2}, \eta_i + \frac{f_0}{2}\right)$,

$$f_2 = h \cdot f\left(x_i + \frac{h}{2}, \eta_i + \frac{f_1}{2}\right), \quad f_3 = h \cdot f(x_i + h, \eta_i + f_2) .$$

Dabei ist $x_i = a + i \cdot h$, $h = \frac{b-a}{n}$ und n die Anzahl der Schritte. Die Funktion f wird als Unterprogramm eingegeben. Dabei ist folgendes zu beachten:

1. Die Funktionsvorschrift f(x, y) ist in Klammern einzuschließen.
2. Für x ist RCL 00, für y RCL 01 zu setzen.
3. Die Taste = darf nicht verwendet werden.
4. Die Eingabe der Funktionsvorschrift ist mit INV SBR abzuschließen.

Programminstruktionen

	Verfahren	Eingabe	Taste	Anzeige
1	Magnetkarte einlesen (Block 1)			1
2	Eingabe der Funktionsvorschrift f(x, y)		GTO	
			x^2	
			LRN	135 00
			(	136 00
			⋮	⋮ ⋮
			)	XXX 00
			INV	XXX 00
			SBR	XXX 00
			LRN	1
3	Programmbeginn		A	1
4	Eingabe von a, b, y_a und n	a	R/S	a
		b	R/S	b
		y_a	R/S	y_a
		n	R/S	
5	Ergebnisanzeige			η_n

Registerinhalte

$R_{00}, \ldots, R_{07}$: Programmzeiger

Beispiel

Gegeben ist das Anfangswertproblem $y' = \frac{x}{y}$, $y(1) = 2$. Gesucht ist in $n = 10$ Schritten eine Näherung für $y(1.5)$.

Anmerkungen	Eingabe	Taste	Anzeige
Magnetkarte einlesen (Block 1)			1
Eingabe der Funktionsvorschrift f(x, y)		GTO	
		x^2	
		LRN	135 00
		(	136 00
		RCL	137 00
		00	138 00
		÷	139 00
		RCL	140 00
		01	141 00
		)	142 00
		INV	143 00
		SBR	143 00
		LRN	1

Anmerkungen		Eingabe	Taste	Anzeige
Programmbeginn			A	1
Eingabe von:	a	1	R/S	1
	b	1.5	R/S	1.5
	y_a	2	R/S	2
	n	10	R/S	
Anzeige von:	η_n			2.291287849

Es ist $y = \sqrt{x^2 + 3}$ und $y(1.5) = 2.291287847$.

Programm 5.6	Das klassische Runge-Kutta-Verfahren

```
76 LBL
11 A
91 R/S
42 STO
00 00
91 R/S
42 STO
02 02
91 R/S
42 STO
01 01
42 STO
05 05
42 STO
06 06
91 R/S
42 STO
03 03
43 RCL
02 02
75 -
43 RCL
00 00
95 =
55 ÷
43 RCL
03 03
95 =
42 STO
04 04
76 LBL
12 B
71 SBR
33 X²
65 ×
43 RCL
04 04
95 =
42 STO
07 07
55 ÷
06 6
95 =
44 SUM
06 06
43 RCL
04 04
55 ÷
02 2
95 =
44 SUM
00 00
43 RCL
07 07
55 ÷
02 2
85 +
43 RCL
05 05
95 =
42 STO
01 01
71 SBR
33 X²
65 ×
43 RCL
04 04
95 =
42 STO
07 07
55 ÷
03 3
95 =
44 SUM
06 06
43 RCL
07 07
55 ÷
02 2
85 +
43 RCL
05 05
95 =
42 STO
01 01
71 SBR
33 X²
65 ×
43 RCL
04 04
95 =
42 STO
07 07
55 ÷
03 3
95 =
44 SUM
06 06
43 RCL
04 04
55 ÷
02 2
95 =
44 SUM
00 00
43 RCL
07 07
85 +
43 RCL
05 05
95 =
42 STO
01 01
71 SBR
33 X²
65 ×
43 RCL
04 04
55 ÷
06 6
95 =
44 SUM
06 06
43 RCL
06 06
42 STO
05 05
97 DSZ
03 03
12 B
43 RCL
06 06
91 R/S
76 LBL
33 X²
```

5.7 Einschrittverfahren mit Schrittweitensteuerung

Um Schwankungen des lokalen Diskretisierungsfehlers beim Rechnen mit konstanter Schrittweite zu vermeiden, steuert das Programm bei der Lösung des Anfangswertproblems $y' = f(x, y)$, $y(a) = y_a$ die Schrittweite selbständig so, daß der lokale Diskretisierungsfehler annähernd konstant bleibt. Es benutzt dabei ein Paar von Runge-Kutta-Verfahren F_p, F_{p+1} der Ordnung p bzw. p+1 und bestimmt die jeweilige Schrittweite nach der Formel

$$h_{i+1} = 0.8 \cdot h_i \cdot \sqrt{\frac{\epsilon}{h_0 \, |F_{p+1} - F_p| + \epsilon \cdot 0.08^{p+1}}},$$

wobei $\epsilon > 0$ eine vorzugebende Toleranzschranke ist. Das Programm verwendet die beiden folgenden Verfahren F_2, F_3:

p = 2: $\eta_{i+1} = \eta_i + F_2(x_i, \eta_i)$

mit $F_2 = \frac{1}{2}(f_0 + f_1)$

und $f_0 = h \cdot f(x_i, \eta_i)$, $f_1 = h \cdot f(x_i + h, \eta_i + h \cdot f_0)$

p = 3: $\eta_{i+1} = \eta_i + F_3(x_i, \eta_i)$

mit $F_3 = \frac{1}{6}(f_0 + f_1 + 4f_2)$

und $f_0 = h \cdot f(x_i, \eta_i)$, $f_1 = h \cdot f(x_i + h, \eta_i + h \cdot f_0)$,

$$f_2 = h \cdot f\left(x_i + \frac{h}{2}, \eta_i + \frac{h}{4}(f_0 + f_1)\right) .$$

Dabei ist $x_i = x_{i-1} + h_i$. Die Funktion f wird als Unterprogramm eingegeben. Dabei ist folgendes zu beachten:

1. Die Funktionsvorschrift f(x, y) ist in Klammern einzuschließen.
2. Für x ist RCL 00, für y RCL 01 zu setzen.
3. Die Taste = darf nicht verwendet werden.
4. Die Eingabe der Funktionsvorschrift ist mit INV SBR abzuschließen.

Programminstruktionen

	Verfahren	Eingabe	Taste	Anzeige
1	Magnetkarte einlesen (Block 1, 2)			2
2	Eingabe der Funktionsvorschrift f(x, y)		GTO	
			x^2	
			LRN	241 00
			(	242 00
			⋮	⋮ ⋮
			)	XXX 00
			INV	XXX 00
			SBR	XXX 00
			LRN	2
3	Programmbeginn		A	2
4	Eingabe von a, b, y_a, h_0, ϵ, p	a	R/S	a
		b	R/S	b
		y_a	R/S	y_a
		h_0	R/S	h_0
		ϵ	R/S	ϵ
		p	R/S	
5	Ergebnisanzeige			η_n

Registerinhalte

$R_{00}, \ldots, R_{09}$: Programmzeiger
R_{10}, R_{11}, R_{12}: f_0, f_1, f_2

Bemerkung

Soll ein anderes Paar von Runge-Kutta-Verfahren F_p, F_{p+1} verwendet werden, so sind diese als Unterprogramme $\underline{D'}$ und $\underline{D}$ zu programmieren (die im Programmausdruck angegebenen Unterprogramme sind dann selbstverständlich wegzulassen). Dabei ist zur Auswertung der Funktion f der jeweilige x-Wert in R_{00}, der jeweilige y-Wert in R_{01} zu speichern; h ist in R_{05}, x_i in R_{02} und η_i in R_{04} gespeichert. Die Funktionsvorschrift f(x, y) ist als Unterprogramm $\underline{x^2}$ zu programmieren.

Beispiel

Gegeben ist das Anfangswertproblem $y' = \frac{x}{y}$, $y(1) = 2$. Gesucht ist eine Näherung für $y(1.5)$ mit $h_0 = 0.1$ und $\epsilon = 10^{-5}$.

Anmerkungen		Eingabe	Taste	Anzeige
Magnetkarte einlesen (Block 1, 2)				2
Eingabe der Funktionsvorschrift f(x, y)			GTO	
			x^2	
			LRN	241 00
			(	242 00
			RCL	243 00
			00	244 00
			÷	245 00
			RCL	246 00
			01	247 00
			)	248 00
			INV	249 00
			SBR	249 00
			LRN	2
Programmbeginn			A	2
Eingabe von:	a	1	R/S	1
	b	1.5	R/S	1.5
	y_a	2	R/S	2
	h_0	0.1	R/S	0.1
	ϵ	0.00001	R/S	0.00001
	p	2	R/S	
Anzeige von:	η			2.291291758

Programm 5.7 Einschrittverfahren mit Schrittweitensteuerung

```
000  76 LBL      021  91 R/S      042  43 RCL      063  42 STO
001  11  A       022  85  +       043  03  03      064  08  08
002  91 R/S      023  01  1       044  75  -       065  75  -
003  42 STO      024  95  =       045  43 RCL      066  71 SBR
004  00  00      025  42 STO      046  02  02      067  19 D'
005  42 STO      026  07  07      047  95  =       068  95  =
006  02  02      027  29 CP       048  42 STO      069  50 I×I
007  91 R/S      028  76 LBL      049  05  05      070  65  ×
008  42 STO      029  22 INV      050  76 LBL      071  43 RCL
009  03  03      030  43 RCL      051  23 LNX      072  05  05
010  91 R/S      031  02  02      052  43 RCL      073  95  =
011  42 STO      032  85  +       053  05  05      074  85  +
012  01  01      033  43 RCL      054  67  EQ      075  93  .
013  42 STO      034  05  05      055  44 SUM      076  00  0
014  04  04      035  75  -       056  22 INV      077  08  8
015  91 R/S      036  43 RCL      057  77  GE      078  45 YX
016  42 STO      037  03  03      058  44 SUM      079  43 RCL
017  05  05      038  95  =       059  76 LBL      080  07  07
018  91 R/S      039  22 INV      060  24 CE       081  65  ×
019  42 STO      040  77  GE      061  71 SBR      082  43 RCL
020  06  06      041  23 LNX      062  14  D       083  06  06
```

```
084  95  =
085  35  1/X
086  65  ×
087  43  RCL
088  06  06
089  95  =
090  45  YX
091  53  (
092  43  RCL
093  07  07
094  35  1/X
095  54  )
096  95  =
097  65  ×
098  93  .
099  08  8
100  65  ×
101  43  RCL
102  05  05
103  95  =
104  42  STO
105  09  09
106  75  -
107  43  RCL
108  05  05
109  95  =
110  77  GE
111  25  CLR
112  43  RCL
113  09  09
114  42  STO
115  05  05
116  61  GTO
117  24  CE
118  76  LBL
119  25  CLR
120  43  RCL
121  02  02
122  85  +
123  43  RCL
124  05  05
125  95  =
126  42  STO
127  00  00
128  42  STO
129  02  02
130  43  RCL
131  04  04
132  85  +
133  43  RCL
134  05  05
135  65  ×
136  43  RCL
137  08  08
138  95  =
139  42  STO
140  01  01
141  42  STO
142  04  04
143  43  RCL
144  09  09
145  42  STO
146  05  05
147  61  GTO
148  22  INV
149  76  LBL
150  44  SUM
151  43  RCL
152  04  04
153  91  R/S
154  76  LBL
155  14  D
156  53  (
157  43  RCL
158  02  02
159  42  STO
160  00  00
161  43  RCL
162  04  04
163  42  STO
164  01  01
165  53  (
166  71  SBR
167  33  X²
168  42  STO
169  10  10
170  65  ×
171  43  RCL
172  05  05
173  44  SUM
174  00  00
175  54  )
176  44  SUM
177  01  01
178  53  (
179  53  (
180  71  SBR
181  33  X²
182  42  STO
183  11  11
184  85  +
185  43  RCL
186  10  10
187  54  )
188  55  ÷
189  04  4
190  65  ×
191  43  RCL
192  05  05
193  85  +
194  43  RCL
195  04  04
196  54  )
197  42  STO
198  01  01
199  53  (
200  43  RCL
201  05  05
202  55  ÷
203  02  2
204  54  )
205  22  INV
206  44  SUM
207  00  00
208  53  (
209  71  SBR
210  33  X²
211  65  ×
212  04  4
213  85  +
214  43  RCL
215  11  11
216  85  +
217  43  RCL
218  10  10
219  54  )
220  55  ÷
221  06  6
222  54  )
223  54  )
224  92  RTN
225  76  LBL
226  19  D'
227  53  (
228  53  (
229  43  RCL
230  10  10
231  85  +
232  43  RCL
233  11  11
234  54  )
235  55  ÷
236  02  2
237  54  )
238  92  RTN
239  76  LBL
240  33  X²
```

5.8 Die Mittelpunktsregel

Die Mittelpunktsregel ist ein Mehrschrittverfahren zur Lösung der gewöhnlichen Differentialgleichung erster Ordnung

$$y' = f(x, y) ,$$

bei dem vor Beginn der Rechnung zwei Startwerte $y(x_0) = y_0$ und $y(x_1) = y_1$ bekannt sein müssen. Eine Näherung η für das gesuchte $y(b) = y_b$ bestimmt sich dann nach den Formeln

$$\eta_{i+1} = 2\,h \cdot f\,(x_{i+1}, \eta_{i+1}) + \eta_i \,.$$

Dabei ist $x_i = a + i\,h$. Die Länge des Intervalls [a, b] muß ein ganzzahliges Vielfaches der Schrittweite $h = x_1 - x_0$ sein, also

$$b - a \overset{!}{=} n \cdot h \quad \text{mit} \quad n \in \mathbb{N}\,.$$

Die Funktion f wird als Unterprogramm eingegeben. Dabei ist folgendes zu beachten:

1. Die Funktionsvorschrift f(x, y) ist in Klammern einzuschließen.
2. Für x ist RCL 00, für y RCL 01 zu setzen.
3. Die Taste = darf nicht verwendet werden.
4. Die Eingabe der Funktionsvorschrift ist mit INV SBR abzuschließen.

Programminstruktionen

	Verfahren	Eingabe	Taste	Anzeige
1	Magnetkarte einlesen (Block 1)			1
2	Eingabe der Funktionsvorschrift f(x, y)		GTO	
			x^2	
			LRN	063 00
			(	064 00
			⋮	⋮ ⋮
			)	XXX 00
			INV	XXX 00
			SBR	XXX 00
			LRN	1
3	Programmbeginn		A	1
4	Eingabe von a, b, y_0, y_1, h	a	R/S	a
		b	R/S	b
		y_0	R/S	y_0
		y_1	R/S	y_1
		h	R/S	
5	Ergebnisanzeige			η

Registerinhalte

$R_{00}, \ldots, R_{05}$: Programmzeiger

Beispiel

Gegeben ist die Differentialgleichung $y' = \frac{x}{y}$ mit den Startwerten $y(1) = 2$ und $y(1.05) = 2.025$. Gesucht ist eine Näherung für $y(1.5)$; es ist $h = 1.05 - 1 = 0.05$.

Anmerkungen	Eingabe	Taste	Anzeige
Magnetkarte einlesen (Block 1)			1
Eingabe der Funktionsvorschrift f(x, y)		GTO	
		x^2	
		LRN	063 00
		(	064 00
		RCL	065 00
		00	066 00
		÷	067 00
		RCL	068 00
		01	069 00
		)	070 00
		INV	071 00
		SBR	071 00
		LRN	1
Programmbeginn		A	1
Eingabe von: a	1	R/S	1
b	1.5	R/S	1.5
y_0	2	R/S	2
y_1	2.025	R/S	2.025
h	0.05	R/S	
Anzeige von: η			2.291400512

Es ist $y = \sqrt{x^2 + 3}$ und $y(1.5) = 2.291287847$.

Programm 5.8 Die Mittelpunktsregel

```
000  76 LBL
001  11  A
002  91 R/S
003  42 STO
004  00  00
005  91 R/S
006  42 STO
007  02  02
008  91 R/S
009  42 STO
010  03  03
011  91 R/S
012  42 STO
013  01  01
014  91 R/S
015  42 STO
016  04  04
017  53  (
018  43 RCL
019  02  02
020  75  -
021  43 RCL
022  00  00
023  54  )
024  55  ÷
025  43 RCL
026  04  04
027  95  =
028  42 STO
029  05  05
030  01  1
031  22 INV
032  44 SUM
033  05  05
034  76 LBL
035  12  B
036  43 RCL
037  04  04
038  44 SUM
039  00  00
040  71 SBR
041  33 X²
042  65  ×
043  02  2
044  65  ×
045  43 RCL
046  04  04
047  85  +
048  43 RCL
049  03  03
050  95  =
051  48 EXC
052  01  01
053  42 STO
054  03  03
055  97 DSZ
056  05  05
057  12  B
058  43 RCL
059  01  01
060  91 R/S
061  76 LBL
062  33 X²
```

Literatur

Böhm, W. / Gose, G.: Einführung in die Methoden der numerischen Mathematik, Vieweg (1977)

Gloistehn, H.-H.: Programmieren von Taschenrechnern 3, Lehr- und Übungsbuch für den TI-58 und TI-59, Vieweg (1978)

Jordan-Engeln, G. / Reutter, F.: Numerische Mathematik für Ingenieure, BI-Taschenbuch (1973)

Jordan-Engeln, G. / Reutter, F.: Formelsammlung zur numerischen Mathematik mit FORTRAN IV-Programmen, BI-Taschenbuch (1976)

Späth, H.: Spline Algorithmen zur Konstruktion glatter Kurven und Flächen, Oldenbourg (1973)

Texas Instruments: Individuelles programmieren, Programmierbare TI-58/59, Bedienungshandbuch

Verzeichnis der behandelten Probleme

VIEWEG